I0818134

Schwabe reflexe

Band 74

Orlando Budelacci

Mensch, Maschine, Identität

Ethik der Künstlichen Intelligenz

Schwabe Verlag

Gedruckt mit Unterstützung der Berta Hess-Cohn Stiftung Basel. Die Publikation wurde durch die Ernst Göhner Stiftung gefördert.

Bibliografische Information der Deutschen Nationalbibliothek
Die Deutsche Nationalbibliothek verzeichnet diese Publikation in der Deutschen Nationalbibliografie; detaillierte bibliografische Daten sind im Internet über http://dnb.dnb.de abrufbar.

© 2022 Schwabe Verlag, Schwabe Verlagsgruppe AG, Basel, Schweiz
Dieses Werk ist urheberrechtlich geschützt. Das Werk einschliesslich seiner Teile darf ohne schriftliche Genehmigung des Verlages in keiner Form reproduziert oder elektronisch verarbeitet, vervielfältigt, zugänglich gemacht oder verbreitet werden.
Gestaltungskonzept: icona basel gmbH, Basel
Korrektorat: Kerstin Köpping, Korrekturbüro Wolfgang Hübner, Berlin
Cover: Kathrin Strohschnieder, Zunder & Stroh, Oldenburg
Layout: icona basel gmbh, Basel
Satz: 3w+p, Rimpar
Druck: CPI books GmbH, Leck
Printed in Germany
ISBN Printausgabe 978-3-7965-4452-1
ISBN eBook (PDF) 978-3-7965-4634-1
DOI 10.24894/978-3-7965-4634-1
Das eBook ist seitenidentisch mit der gedruckten Ausgabe und erlaubt Volltextsuche. Zudem sind Inhaltsverzeichnis und Überschriften verlinkt.

rights@schwabe.ch
www.schwabe.ch

für Isabelle,
Lino und Gabriel

Inhalt

«I propose to consider the question,
‹Can machines think?›»
Alan Turing, Computing Machinery and Intelligence (1950)

«Was wir denken, hat seine Folgen.»
Friedrich Dürrenmatt, Die Physiker (1961)

Alte Träume und neue Möglichkeiten

«‹Was ist Liebe? Was ist Schöpfung? Was ist Sehnsucht? Was ist Stern?› – so fragt der letzte Mensch und blinzelt.»[1]

Friedrich Nietzsche, Also sprach Zarathustra (1883–1885)

Es ist ein alter Traum des Menschen, dass er seine Grenzen erkunden und überschreiten möchte. Das technisch Mögliche ist reizvoll, faszinierend, hat aber auch seine Schattenseiten. Künstliche Intelligenz (KI; engl.: Artificial intelligence, AI) hat vergessene Träume geweckt, den Ehrgeiz des Menschen entfesselt und die Fantasie beflügelt. Seit 1950 hat sich aus KI ein interdisziplinäres Feld wissenschaftlicher Forschung entwickelt, das die Simulation menschlicher Fähigkeiten mittels Algorithmen und riesigen Datenmengen anstrebt. Diese Systeme wenden *machine learning* an, um mittels Erfahrung aus der Aussenwelt ein digitales Modell der Realität zu erstellen.

Was zu Beginn aus Kreativität, Neugier sowie Spiel- und Experimentierlust entstand, ist mittlerweile zu einer Technologie geworden, welche dabei ist, die Welt auf den Kopf zu stellen. Wir leben im Zeitalter der Künstlichen Intelligenz: mit Siri auf dem iPhone, autonom fahrenden Automobilen und Pflegerobotern, die sich um unsere Eltern und Grosseltern im Altersheim kümmern.[2] Und es stellt sich die Frage, wozu man den

Menschen noch braucht, wenn er dabei ist, sich selbst abzuschaffen.

Durch KI werden Fantasien lebendig und real. Maschinen werden zum Leben erweckt, technologische Träume sind in erreichbare Nähe gerückt. Die KI-Revolution ist kein Spiel und Experiment in Forschungslabors mehr und insbesondere keine Unterhaltung, denn KI hat sich bereits wie ein Rhizom in vielen Bereichen unseres Alltags ausgebreitet und ist dabei, unsere Welt grundlegend zu verändern.

Optimistische Tech-Konzerne versprechen uns ein besseres Leben, dystopische Science-Fiction-Filme zeigen uns, was schieflaufen könnte und werfen die Frage auf, welche Zukunft uns erwartet, falls wir Menschen uns von den Maschinen überlisten lassen.

Aber was verändert sich durch Künstliche Intelligenz? Haben die technologischen Entwicklungen Grenzen geöffnet, die wir nicht überschreiten sollten? Und gehen wir alle nicht den Versprechungen der Technologiegläubigen auf den Leim, wenn wir uns die Lösung globaler Probleme wie denen des Klimawandels erhoffen, wenn wir dem modernistischen Credo vertrauen, dass die Technik uns retten wird?

So einfach ist es nicht, die gegenwärtige Situation zu beurteilen, denn KI ist immer auch ein Traum, der unrealistische Chancen verspricht, auf den wir aber auch nicht verzichten können, um die Probleme der Gegenwart zu lösen. So sind wir in einer dialektischen Situation gefangen. KI ist sowohl Hoffnung wie auch Gefahr; sie wird einiges erleichtern und gleichzeitig neue Probleme schaffen. Und sie verspricht mehr, als sie zu halten vermag.

Aber insbesondere zwingt die neue Technologie uns Menschen, uns zu fragen, wer wir sind und wohin wir gehen möchten. Das ist die grosse Chance und Herausforderung von KI. Sie zwingt uns zur Reflexion über unsere Existenzweisen und Lebensformen, über die geistige Situation der Welt nachzudenken, und sie drängt uns dazu – vielmehr als zuvor –, Technik nicht ohne Reflexion zu betreiben, denn es sind die Menschen, welche die Welt verändern, und es liegt an uns, in welche Richtung wir die immer mächtiger werdende Technologie lenken werden, damit sie nicht zu unserer Bedrohung wird, sondern uns zu neuen Chancen führt.

Dieses Buch beleuchtet die Komplexität und Fülle der gewichtigen Umgestaltungen der Gegenwart durch die Technologie der Künstlichen Intelligenz und situiert die Umwälzungen im Kontext von philosophischen und insbesondere ethischen Überlegungen.

Einleitung – Zur geistigen und technologischen Situation der Zeit

Die Welt ist im Wandel. Wir sind inmitten von gewaltigen Transformationsprozessen, welche durch technologische Entwicklungen angestossen und gleichzeitig beschleunigt werden. Viele vertrauen immer noch darauf, dass die Geschichte als Fortschritt von Freiheit und Vernunft zu denken ist, auch wenn die Geschichte der letzten zwei Jahrhunderte gezeigt hat, dass Freiheit und Schrecken eine unheilvolle Verbindung eingegangen sind.

Die technologische Zivilisation, so zeigt sich, kommt durch die Möglichkeiten Künstlicher Intelligenz immer mehr an ihre Grenze. Mit Hamlet könnte man auch sagen: «the time is out of joint».[3] Und es stellt sich ganz grundsätzlich die Frage, ob die Technologie mehr Probleme erzeugt, als sie zu lösen verspricht.

Die geistige Situation in Gedanken zu fassen, ist zu einer überfordernden Herausforderung geworden. Die Komplexität der Gegenwart, die Herausforderungen der Zukunft lassen sich nicht mehr auf einen Nenner bringen. In den letzten 100 Jahren führte die Entgötterung der Welt zu existenziellen Sinnkrisen und zur Suche nach neuen Erfüllungsgaranten, welche den Menschen von der grossen Aufgabe der Gestaltung der Welt entlasten. Es ist ein Grundirrtum, dass die Technologie uns retten wird.

Aber was ist die geistige Situation der Zeit mit Blick auf die Chancen und Gefahren der Künstlichen Intelligenz? Was kennzeichnet unsere Gegenwart, und welche Herausforderungen warten auf uns Menschen?

1. Wir befinden uns in einer technologischen und geistigen Transformationsphase im Fast-Forward.

Die technologische Entwicklung verläuft atemberaubend schnell. In den letzten Jahren hat die Vernetzung der Menschen mit Maschinen drastisch zugenommen. Das Jahr 2008 war dabei ein symbolischer Wendepunkt: Ab diesem Moment gab es zum ersten Mal mehr mit dem Internet verbundene Geräte als Menschen auf der Welt. Die Rechenleistung der Maschinen hat sich gemäss dem Moore's-Law-Diagramm alle zwei Jahre verdoppelt.[4] Zudem hat der Datenverkehr enorm zugenommen. Gleichzeitig sind die Preise für Technologie drastisch gesunken: Die Rechenleistung eines Smartphones wäre vor 50 Jahren mit der Technologie der damaligen Zeit noch unbezahlbar gewesen.[5] Die Informatik und die KI-Forschung haben immer bessere KI-Algorithmen entwickelt, die überall Anwendung finden. Kurzum: Die technologischen KI-Innovationen dringen in immer mehr Bereiche des Alltags ein, und sie werden immer billiger und überall auf der Welt zugänglich.[6] Zugleich werden wir immer abhängiger von Informationen und brauchen Maschinen, um deren Komplexität zu ordnen.[7] Hans Moravec vermutete 1997, dass es viele gute Gründe gibt anzunehmen, dass der Wandel in den nächsten 50 Jahren viel schneller sein wird, als er es in den vorhergehenden 50 Jahren war.[8] Es scheint das Kennzeichen der Moderne zu sein, dass zeitliche Strukturen der Herrschaft und Logik eines Beschleunigungsprozesses folgen.[9]

Technik verändert aber nicht nur die äussere, sondern auch die innere Welt. Die technologischen Innovationen wurden auch von geistigen Transformationen begleitet, und der Mensch hat eine neue Stellung in der Welt erhalten: Einerseits hat er mittels Wissenschaft und Technologie das Leben der Menschen verbessert, andererseits beeinflusst er das Erdklima in negativer Weise und bedroht damit die Welt, auf der wir alle leben.

2. Autonome Handlungsmächtigkeit ist eine neuartige Dimension der KI-Technologie.

Im Gegensatz zu anderen Technologien verfügt KI über autonome Handlungsmächtigkeit (*agency*), d. h., KI-Systeme können auf Grundlage von Daten und statistischen Verfahren Entscheidungen ableiten und in gewissen Bereichen autonom handeln. KI-Systeme verfügen also über Fähigkeiten, die bisher dem Menschen vorbehalten waren. Mit dem Grad der Autonomie von Maschinen stellen sich auch neue ethische und rechtliche Fragen, aber auch Fragen der Verantwortung, des Vertrauens und damit des Zusammenlebens von Mensch und Maschine.

3. Die neue Herausforderung ist nicht die technologische Entwicklung, sondern die ethische und rechtliche Regulierung des Digitalen.

Die neue KI-Technologie eröffnet dem Menschen viele Möglichkeiten, die bisher nicht vorstellbar waren. Es sind schleichende Veränderungen im Alltag, die immer weiter in Bereiche vorstossen, die bisher nicht betretbar waren. Die Grenzen des Möglichen verschieben sich weiter, und die Notwendigkeit, die roten Linien zu definieren, die man nicht überschreiten soll, ist zwingend geworden. Überall entstehen Selbstverpflichtungen und rechtliche Regulierungen, welche die schädlichen Auswirkungen von KI begrenzen sollen. Fast scheint es, als möchte man die Büchse der Pandora nicht zu weit öffnen, damit das technologische Unheil nicht in die Welt kommen kann. Die Herausforderungen sind gross, und die geforderte Selbstverpflichtung des Menschen ist bei der Ausgestaltung von KI vielleicht sogar überfordernd.

4. Wir müssen die Entwicklung von Technologie mit Reflexion verbinden, um die Zukunft der Welt zu denken und zu gestalten.

Es besteht derzeit eine Kluft zwischen Technologie und Reflexion, eine Trennung, die zu folgenschweren Fehlentwicklungen und zur Dominanz von Technologie in der Welt des Menschen führen wird. Technologieentwicklung ist viel schneller als die Fähigkeit des Menschen, sich auf diese Veränderungen einzustellen und entsprechend zu handeln.

5. Die technologischen Entwicklungen zwingen uns dazu, uns zu überlegen, wer wir sind und wie wir in Zukunft leben wollen. Was ist der Mensch?

Menschliche Sinnfragen akzentuieren sich insbesondere in Phasen des Wandels und der Veränderung.[10] Angesichts der technologischen Beschleunigung gerät der Mensch in eine existenzielle Krise, und er muss seine Stellung in der Welt neu finden. Nicht nur, weil er seinen göttlichen Sinngaranten verloren hat, sondern auch, weil er im Zuge dieses Umsturzes die Verantwortung für die Zukunft der Welt übernommen hat. Er kann sie nicht mehr nach oben delegieren, daher übernimmt er eine zu grosse Aufgabe, die vorher in göttlichen Händen war. Er muss zum Retter der Welt werden, deren Zukunft durch den Menschen selbst bedroht ist. Um die Welt zu retten, hofft der Mensch auf die Rettung durch Technologie. Die Technologie wird so zur Erfüllungsgehilfin für die übermenschlichen Pläne des Menschen. Sie ist derart mächtig, dass der Mensch sich der Technologie anpasst, damit er von ihr profitieren kann. Die Möglichkeiten, mittels Technologie die Welt zu beeinflussen und Probleme zu lösen, haben durch KI-Systeme einen exponentiellen Sprung gemacht. Technologie schützt den Menschen nicht vor der Beantwortung der grossen Sinnfragen. Im Gegenteil: Die technologische Beschleunigung führt den Menschen in einen Strudel von Fragen, die zu grossem Schwindel und zu Erschöpfung führen können.[11] In kurzer Zeit muss der Mensch seine Zukunft neu entwerfen, seine Stellung zur Natur verändern und die erprobten Werte infrage stellen und neu definieren.[12]

6. Grenzenlose Selbstoptimierung bringt den Menschen in Bedrängnis. Der Mensch ist durch KI verletzbar geworden.

Der Mensch verwendet smarte Technologie, um sich selbst zu verbessern. Self-Tracking-Systeme werden eingesetzt, um die Gesundheit des Menschen zu messen sowie seine Leistungsfähigkeit zu erhalten und zu verbessern. Der Mensch möchte auf der Grundlage von Daten, Auswertungen und mittels Einsatzes von Technologie immer besser, schöner, leistungsfähiger werden und schlussendlich seinen eigenen Tod besiegen. Er möchte mittels Technologie seine Biologie überwinden. Transhumanistische Fantasien entstehen aus dem Wunsch des Menschen, seine Mängel zu überwinden und die Evolution umzuschreiben. Immer mehr versteht sich dabei der Mensch wie eine Maschine, die optimiert werden soll und so in den Zustand seiner verletzbaren Überforderung gerät. Der Mensch ist dabei, sich in seinem Selbstverständnis als Maschine zu verstehen, die selbstoptimiert sich reibungslos ins kapitalistische System einfügt. Damit wird er aber das aufgeben, was ihn als Menschen auszeichnet.

7. Der Mensch lebt im Spannungsfeld von Digitalem und Analogem und muss sich den neuen Lebensbedingungen anpassen.

Der Mensch steht nicht nur mit seinen Füssen auf dem Boden, sondern ist auch immer mehr *online.* Realität und Virtualität, Analoges und Digitales sind nicht getrennt, sondern vielschichtig miteinander verwoben. Es ist kein Entweder-oder, für das er sich entscheiden kann, sondern er ist lebensweltlich mit beiden verbunden. Als Avatar kann man sein, wer man will, kann man sich in erfundenen digitalen Welten bewegen und ein Doppelleben führen. Die lebensweltliche Verschmelzung von Digitalem und Analogem findet nicht nur in den Games statt, sondern ist auch zu einer alltäglichen Realität geworden. Die Verschmelzung von Online und Offline ist zur neuen Realität geworden.

Abb. 1 ENIAC, Computer, ca. 1947–1955.

Mensch, Maschine, Welt

Der Mensch als Maschine

Wie gut habe ich geschlafen? Bewege ich mich genug? Hat sich mein Kalorienverbrauch in den letzten Monaten verändert? Mittels Self-Tracking-Systemen erheben wir Daten über uns selbst. Gleichzeitig gibt es eine Vielzahl an Apps, welche uns bei der Erreichung von selbstgesetzten Zielen unterstützen. Das Ziel: die Vermessung und Optimierung des eigenen Lebens und des Körpers. Die Daten tauschen wir mit der Welt, und wir füttern KI-Systeme, welche uns individuelle Pläne erstellen und Hilfe anbieten. Es ist ein Kennzeichen moderner Gesellschaften, dass sie sich stets verändern und verbessern möchten. Der Einzelne ist grossem Druck ausgesetzt, die festen Verankerungen in Familie und Kirche sind nicht mehr da und die Freiheiten individueller Selbstentfaltung sind maximal. Der Mensch entwirft sich selbst; er ist dazu aufgefordert, sich ständig zu verbessern, und dadurch droht ihm immer wieder die Erschöpfung.[13] Aus der grossen Lust an Freiheit sind auch die Last und das Unglück der ständigen Unruhe und des Wandels geworden. Künstliche Intelligenz bietet viele Möglichkeiten und Anreize, um den Menschen in seinem Optimierungswillen zu unterstützen. Die Idee, dass der Mensch über sich selbst hinauswachsen möchte, ist nicht neu. Sie entsteht aus der tiefen existenziellen Krise, in die der Mensch aufgrund des Verlustes eines göttlichen Sinngaranten gestürzt ist.

Im Frühjahr 1883 hat Friedrich Nietzsche (1844–1900) den Gedanken vom Übermenschen – eine folgenreiche Entdeckung, denn die Konzeption des Übermenschen wurde von politischer Seite instrumentalisiert und immer wieder vereinnahmt.[14] Daher hat der Gedanke eine politische Wirkungsgeschichte, welche aber den Kern von Nietzsches Lehre verfremdet, denn der Übermensch war nie ein *superman*, keine objektiv fassbare menschliche Gestalt, sondern eine Haltung, eine Art und Weise, das Menschsein nach der Destruktion der christlichen Moral und Metaphysik neu zu denken: den Menschen nicht als statisches Sein, eingeordnet zwischen Himmel und Erde, zu sehen, sondern als gestalterischen Selbstentwurf der Selbstüberwindung. Der Ort des Übermenschen ist nicht das Dazwischen, wie etwa noch bei Pico della Mirandola (1463–1494) in der Renaissance. Dort heisst es in der Schrift *Über die Würde des Menschen:*

> In die Mitte der Welt habe ich dich gestellt, damit du von da aus bequemer alles ringsum betrachten kannst, was es auf der Welt gibt. Weder als einen Himmlischen noch als einen Irdischen habe ich dich geschaffen und weder sterblich noch unsterblich dich gemacht, damit du wie ein Former und Bildner deiner selbst nach eigenem Belieben und aus eigener Macht zu der Gestalt dich ausbilden kannst, die du bevorzugst. Du kannst nach unten hin ins Tierische entarten, du kannst aus eigenem Willen wiedergeboren werden nach oben in das Göttliche.[15]

Auch wenn Pico della Mirandola hier dem Menschen schon zutraut, sich selbst in eine bestimmte Richtung zu bewegen, sozusagen sein Wesen selbst zu machen,[16] so gibt es doch noch eine klare Ordnung von oben und unten und einen Transzendenzbezug. Der Mensch ist frei, aber dass die Orientierung nach oben die richtige ist, steht natürlich nicht zur Debatte, auch wenn das Pathos der Freiheit überwiegt. An dieser Stelle möchte ich auf die philosophische Deutung des Übermenschen bei

Nietzsche eingehen und damit einen Grundstein für das Verständnis des Menschen in der KI-Debatte legen, die philosophisch hier zu fundieren ist. Der Übermensch im Verständnis von Nietzsche verweist auf die Fähigkeit des Menschen, über sich selbst hinausstreben zu wollen, sich zu etwas Höherem zu entwickeln. Insofern ist der Übermensch keine objektiv fassbare Gestalt, sondern eine Haltung und Aktivität. Die Konzeption des Übermenschen steht für ein neues Selbstverständnis des Menschen, der bei Nietzsche die alte Moral des Christentums überwunden und sich vom Geist der Unterdrückung befreit hat. Nietzsches Sprache ist voller Metaphern und Allegorien, sie ist Ausdruck der neuen Gedankenwelt, in deren Mittelpunkt die Konzeption des Übermenschen steht. An einer entscheidenden Stelle im Buch *Also sprach Zarathustra* steht:

> Der Mensch ist ein Seil, geknüpft zwischen Tier und Übermensch – ein Seil über einem Abgrunde. Ein gefährliches Hinüber, ein gefährliches Auf-dem-Wege, ein gefährliches Zurückblicken, ein gefährliches Schaudern und Stehenbleiben.[17]

Nietzsche möchte der Selbstüberwindung einen höheren Wert geben als bisher. Das Bild des Seiltänzers zeigt den Kern der Idee Nietzsches: Der Mensch ist kein statisches Sein, sondern der Kern des Menschseins ist die Bewegung auf ein grösseres Ziel hin. Dieses Ziel ist nicht im Sinne einer linearen Fortentwicklung zu verstehen, sondern als Kreisbewegung der wiederholten Überschreitung der Vergangenheit. Insofern ist das Ziel dieser Entwicklung nicht ein erreichter Endpunkt, sondern die dauernde Selbstüberwindung. Diese Zielgrösse ist eine Identität der vollkommenen Erfüllung. Sie entsteht erst durch die Bewegung des Gehens, des ständigen Überschreitens des Augenblicks. Der Kreisgedanke ist radikal, weil er jeden Schritt zu einem Neuanfang macht. Es ist nicht die Bewegung eines fortdauernden Weiterkommens bis zum Ziel, sondern die dauernde Erneuerung des Menschseins. Diese fortlaufende Bewegung ist nur in Verbindung mit höchster Anstrengung und Aktivität zu denken. Dahinter steckt der Wunsch, den alten Menschen hinter sich zu lassen und im Akt der dauernden Selbstüberwindung zu einem neuen Menschen bzw. Übermenschen zu werden. So gedacht, wird der Mensch zur Grundlage seiner Weiterentwicklung. Allerdings wird die Weiterentwicklung nicht von aussen angestossen, nicht durch Gott oder die Evolution, sondern durch den Menschen selbst. Der Mensch hat damit die Aufgabe übernommen, die zuvor ausschliesslich in göttlicher Zuständigkeit war.

Was ist die Verbindung dieses philosophischen Grundgedankens mit der aktuellen Entwicklung von KI? Sie steht gedanklich am Anfangspunkt der Idee der Selbstoptimierung des Menschen. Diese Optimierung hat durch die Möglichkeiten der KI eine neue Dimension erhalten, bzw. durch die Möglichkeiten der neuen Technologie werden auch die Fantasien zur Optimierung des Menschen stark angeregt. Eine entscheidende Einsicht ist es, die Auseinandersetzung mit der Zukunft des Menschseins, mit seiner Überwindung insbesondere als eine Auseinandersetzung mit dem Menschen von heute zu lesen. Der Fokus liegt im Kern auf dessen aktueller Situation in der Gegenwart und fragt nach dessen Rettung.

Dabei hat das Programm zur Optimierung des eigenen Selbst und des Menschen schon unabhängig von KI in vielen Lebensbereichen eine dominierende Rolle übernommen. Es beginnt schon vor der Geburt eines neuen Menschen – mittels pränataler Diagnostik wird das ungeborene Kind mit Blick auf mögliche Beeinträchtigungen und Nachteile geprüft und notfalls am Leben gehindert. Danach werden möglichst rasch Begabungen und Fähigkeiten gefördert sowie Körper und Geist gestählt. Es gibt eine grosse Industrie, welche Produkte und

Ratgeber zur Verbesserung der Fitness und des Körpers einsetzt, dazu kommen Crèmes, Powerfood, Sportprogramme und eine gesunde Ernährung. Bei Unzufriedenheit mit dem eigenen Aussehen können kleine Fältchen und Unebenheiten mittels chirurgischer Eingriffe entfernt werden. Insgesamt geht es darum, das Bestmögliche aus dem eigenen Körper und dem gewählten Lebensentwurf herauszuholen. Sofern die geistige Leistungsfähigkeit nicht für die Bewältigung aller Aufgaben ausreicht, kann sie mit Medikamenten und Drogen gesteigert werden. Dahinter verbirgt sich die Utopie einer dauernden Wohlfühloase, in der auch der Schmerz vollständig eliminiert wird.[18] Damit wird der Mensch kontinuierlich zu einer besseren Version seiner selbst in eine bestimmte Richtung getrieben.[19]

Der Lifestyle-Berater Dave Asprey (* 1973) hat die Formulierung von *biohacking* geprägt.[20] Diese Bewegung hat ihren Ausgangspunkt nicht zufälligerweise im Silicon Valley, wo der Gedanke der Verbesserung und Überwindung des Menschseins besonders stark verwurzelt ist. Der Mensch wird als eine Maschine betrachtet, welche man verbessern kann, um die Mängel des Menschseins zu eliminieren und einen neuen Menschen zu erschaffen. Dieser neue Mensch entsteht durch Biohacking, das ist ein Begriff, der mehrere Anwendungsfelder umfasst. Dazu gehören insbesondere das Tracking von Körperdaten, der Einsatz von Medikamenten zur Leistungssteigerung und zur Verbesserung der seelischen Ausgeglichenheit und auch der Einsatz von Bluttransfusionen, durch die der Körper verjüngt werden soll.[21] Ziel all dieser meist experimentellen Anstrengungen ist es, die Leistungsfähigkeit des Menschen zu steigern, eine bessere Stimmung zu haben und das biologische Alter zu überlisten. Asprey selbst hat sich das Ziel gesetzt, mittels Biohacking 180 Jahre alt zu werden. Es geht dabei also um die Steigerung und Überwindung der menschlichen Natur. Das Grundverständnis des menschlichen Körpers ist dasjenige einer Maschine, eines Roboters, der verbessert werden muss. Und am Ende aller Optimierungsprozesse steht der Wunsch nach einem Menschen, der seine Mängel und Defizite eliminieren konnte und der zu einem neuen transhumanen Menschen transformiert wurde. Es soll also mittels all dieser Bemühungen ein neuer, verbesserter Mensch entstehen, dessen Kennzeichen die Abwesenheit seiner jetzigen Mängel ist. Das Ziel aller *biohackings* ist die Perfektionierung des Menschen und die Verlängerung menschlichen Lebens. Der Begriff ist eine Fusion aus Biologie und Technologie. *Hacking* meint den Versuch, auf unautorisierte Weise in ein Computersystem einzudringen und es für die eigenen Interessen zu nutzen. Biohacking meint in übertragener Weise das Verstehen und Eindringen in den menschlichen Organismus, um seine Gesundheit, seine Leistungsfähigkeit, sein Wohlbefinden und seine Konzentration zu verbessern.

Der menschliche Organismus wird also in Analogie zu einem Maschinenmodell vorgestellt, das man durch gezielte Interventionen von aussen, also durch Ernährung und Medikamente, auf Grundlage einer ausführlichen Datenanalyse optimieren kann. Diese Maschinenanalogie findet man bereits 1748 in dem Buch *L'Homme machine* des französischen Arztes Julien Offray de La Mettrie (1709–1751). Dort heisst es:

> Ziehen wir also den kühnen Schluss, dass der Mensch eine Maschine ist und dass es im ganzen Weltall nur eine Substanz gibt, die freilich verschieden modifiziert ist.[22]

Allerdings ist La Mettrie, der mit seiner Schrift keine Anleitung liefert, den Menschen als ein technisches Artefakt nachzubauen, nicht der Vordenker der KI. Die Analogie hatte insbesondere eine methodologische Absicht: Der Mensch kann auf allen Ebenen seines Wesens in Analogie zu einer Maschine gedacht werden. Das ist insofern eine radikale Analogie, weil sie behauptet, dass damit das Ganze des Menschseins verstanden werden kann, auch seelische und geistige Zustände.[23] La Mettrie war ein visionärer Querdenker, dessen Materialismus auch als skandalöse Gegenposition zu einem christlich-metaphysischen Weltbild zu interpretieren ist. Das ist auch bei Nietzsches Konzeption des Übermenschen eines der stärksten Negationsmomente.

La Mettrie liefert mit seiner Mensch-Maschinen-Analogie die erkenntnistheoretische und methodologische Grundlage für das Verständnis des Menschen als einer Maschine. Aber sein Denken war nicht geprägt davon, dass der Mensch unvollständig, mangelhaft und insofern optimierungsbedürftig ist. Biohacker hingegen verstehen sich als Ingenieure und Regisseure, welche den menschlichen Körper mit seinen Mängeln nicht akzeptieren, sondern ihn u. a. mittels technologischer und wissenschaftlicher Erkenntnisse zu einem anderen Menschen umgestalten können. Biohacker erheben den Anspruch – auch mittels experimenteller Anordnungen –, den Körper und den Geist zu optimieren. Der Körper wird als ein Übergang zu einem besseren Selbst verstanden, als eine Zwischenstufe, die es zu überwinden gilt. Die Absicht hinter allen Anstrengungen der Biohacker ist eine Transformation des Menschen, die ihn zu einer besseren Version seiner selbst macht. Er braucht ein Update, und zur Erreichung dieses Ziels wird alles verwendet, was zur Verfügung steht: Technologie, Sensoren, Medikamente, Daten und die Erkenntnisse der Wissenschaft.

Die Weiterführung der Idee des Transhumanismus führt zur Entwicklung von Cyborgs, also von *cybernetic organisms*, deren Kennzeichen die Verbindung und Verschmelzung von Mensch und Maschine ist.[24] Hans Moravec, ein visionärer Roboterforscher, hat in seinem Buch *Mind Children* (1988) die Idee des *mind-uploading (transmigration)* ausgeführt; darunter versteht er die Übertragung des menschlichen Geistes (*mind*) auf einen Computer.[25] Das ist der grosse Traum: eine Maschine mit menschlichem Geist, der nicht in einem Körper aus Fleisch, Muskeln und Fett wohnt, sondern auf einem Speicherchip. Hier geht es um die Überwindung der Limitierungen des menschlichen Gehirns durch Scannen; durch die anschliessende Übertragung entsteht eine Kopie auf dem Computer.[26] Dadurch wird der Geist (*mind*) zu einem Computerprogramm, das beispielsweise mittels Laser auf einen anderen Planeten geschickt werden kann, um danach wieder nach Hause geholt zu werden.[27] Der biologische Körper kann in der Zwischenzeit in einen Schlaf versetzt und danach mit den neuen Erinnerungen reaktiviert werden. Kritisch kann man einwenden, dass das menschliche Gehirn kein statisches, sondern ein dynamisches System ist, das sich kontinuierlich den äusseren Umständen und den Fähigkeiten des Körpers anpasst,[28] d. h., das Gehirn ist in einem kontinuierlichen Veränderungs- und Umbauprozess der Synapsen. Diese «synaptische Plastizität» kennzeichnet das menschliche Gehirn und bezeichnet seine Fähigkeit, die Verbindungsmuster der Neuronen kontinuierlich zu verändern und neuen Anforderungen anzupassen. Die Ressource des Gehirns ist seine Anpassungsfähigkeit an die äussere Umgebung. Der Denkfehler in der Überlegung des *mind-uploading* ist, dass von einer fixen Unterscheidung zwischen Soft- und Hardware ausgegangen und diese auf das Gehirn übersetzt wird.[29] Das Gehirn ist aber so verfasst, dass es in einem kontinuierlichen Prozess der Neumodifikation seiner «Hard- und Software» ist, und deswegen geht das *mind-uploading* von falschen Voraussetzungen aus.[30]

Die technologisch-posthumanistische Fantasie von *mind-uploading* und grenzenlosem *human enhancement* ist gefährlich, weil sie den Menschen nur dann akzeptiert, wenn er besser und leistungsfähiger wird. Sie fordert vom Menschen, dass er sich ständig optimiert, dass er ruhelos wird, dass er seine Selbstüberwindung als Daueraufgabe versteht. Und KI ist für die Erfüllung dieser Wünsche ein gern gesehener Erfüllungsgehilfe, denn KI ermöglicht die Auswertung komplexer Datenmengen und Zusammenhänge in noch nie dagewesener Weise. Eine für einen Biohacker ideale Grundlage, um auf der Basis von Daten und Auswertungen Schlüsse für das Hacking des menschlichen Organismus zu ziehen. Der Mensch verlässt sich auf Maschinen und Algorithmen, um sich zu gestalten, und nicht mehr auf sich als Mensch allein. An dieser Stelle zeigt sich der aus ethischer Sicht problematische Wendepunkt, denn menschliche Selbstverantwortung kann nicht mehr gelebt werden; Entscheidungsautonomie löst sich auf; damit wird menschliche Freiheit ausgehöhlt.[31]

Die an Nietzsches Konzeption geäusserte Kritik an seinem Individualismus[32] kann man auch auf den modernen Transhumanismus übertragen, der auch die Mittel von KI zur Optimierung des Menschen einsetzt. Der Mensch ist allein mit sich, optimiert sich, verbessert sich und strebt eine übermenschliche Transformation an. Wie soll man sich die zukünftige Welt vorstellen, wenn sie aus einer Ansammlung von radikal-individualistischen Einzelgängerinnen und Einzelgängern besteht? Was heisst Solidarität in dieser neuen Welt? Wenn sich die Möglichkeiten eröffnen, die menschliche Natur umzuschreiben und sich sogar unsterblich zu machen, was bedeutet das für das gesellschaftliche Zusammenleben der Menschen? Was ist die Kehrseite dieses Perfektionismus? Was bedeutet es, ein mangelhafter Mensch zu sein, in einer Welt, in der die Mängel behebbar sind? Wird es demnach nicht unglaublich schwierig, einfach ein «normaler Mensch» zu bleiben und sich einem Update zu entziehen? Wer übernimmt die Kosten für die fehlgeschlagenen Experimente der Biohacker?

In diesen Entwicklungen zeigt sich ein Spannungsfeld zwischen Humanismus und Transhumanismus. Das Grundverständnis eines Humanisten ist es, den Menschen in seiner jetzigen Verfasstheit als Menschen zu akzeptieren und als Höhepunkt einer Entwicklung zu verstehen.[33] Aus humanistischer Perspektive gilt es, den Menschen und seine kulturell-geistigen Errungenschaften zu feiern, und ihn nicht, wie die Transhumanisten dies machen würden, als veränderbare biologische Maschine zu beschreiben, deren Mängelhaftigkeit überwunden werden soll.[34] Humanisten sind gegen eine biologisch-technische Optimierung des Menschen, sie wollen ihn in seiner Gegenwart belassen und ihn vor Veränderungen seines Innersten bewahren. Das humanistische Menschenbild vertraut darauf, dass der Mensch durch persönliche Bildung und Entwicklung einen Beitrag zu einer besseren Welt leisten kann. Gelebter Humanismus ist lebenslanges Einüben seiner Kultiviertheit, das nicht aufgegeben werden darf. Der Humanist lebt, damit er zu einem besseren Menschen wird und dauernd beweisen kann, dass er seine biologische Unzivilisiertheit hinter sich gelassen hat. Humanismus ist Mühe, Anstrengung und Arbeit an sich selbst. Die transhumanistische Sicht verlangt diese grosse Anstrengung nicht mehr, sondern setzt auf die Kraft der Wissenschaft und Technologie, um die biologische Unvollkommenheit des Menschen zu beheben. Das Selbstbild des Menschen ist dabei das einer Maschine, eines Apparats, der durch den Menschen selbst gestalt- und formbar ist und durch den Menschen kraft seines Manipulationswillens wie eine technische Maschine optimiert und verbessert werden kann. Aus diesem Blickwinkel greift der Mensch in die menschliche Evolution ein und formt sich selbst zu einem neuen Menschen, der den alten Menschen hinter sich lassen möchte,[35] um eine neue Stufe in der Evolutionsgeschichte zu erklimmen. Der radikale Gedanke ist hierbei, dass der Mensch selbst zum Gestalter der Evolution wird.

Der Wunsch zur Überwindung der menschlichen Unvollkommenheit lässt sich aus dem Leiden an der menschlichen Gegenwart ableiten. Der Mensch wünscht sich weniger Leiden, die Überwindung des Todes, Gelassenheit und gesteigerte kognitive Fähigkeiten. Der transhumanistische Traum entsteht aus dem als leidvoll empfundenen Dasein des Menschen und der Deutung, dass der Mensch unvollständig entwickelt ist und er selbst – und damit die menschliche Natur als Produkt der Evolution – als Übergangszustand zu verstehen ist, den es zu verlassen gilt. Damit werden die Anker gelöst, an denen bisher der Wert des Menschen festgemacht wurde. Auch werden die Heiligkeit des menschlichen Körpers, seine Geheimnisse und unerklärlichen Wunder entmystifiziert. Der Mensch soll vom Körper befreit werden und als freier Geist (*mind*) im Cyberspace weiterleben. Die Biologie wird überwunden, und der Mensch wird zu einer Maschine, die mit menschlichem Geist gefüttert wird. Das ist ein Kampf auch gegen den romantischen Geist des Wunders und gegen die Verzauberung an dem, was schon Novalis der Aufklärung in seinem Fragment «Die Christenheit oder Europa» von 1799 vorgeworfen hat:

> Die Mitglieder waren rastlos beschäftigt, die Natur, den Erdboden, die menschlichen Seelen und die Wissenschaften von der Poesie zu säubern, – jede Spur des Heiligen zu vertilgen, das Andenken an alle erhebenden Vorfälle und Menschen durch Sarkasmen zu verkleiden und die Welt alles bunten Schmucks zu entkleiden.[36]

Schlussendlich zeigt sich, dass es eine Frage des Menschenbildes ist, ob man den Menschen als wundervoll, heilig und geheimnisvoll verstehen möchte oder sich der Metapher der Maschine bedient, um ihn zu erklären.[37] Feiert man die Schöpfung des Menschen oder begreift man ihn als verbesserungsfähigen biologischen Apparat, der immer mehr zur Maschine werden soll?[38] Aus transhumanistischer Sicht muss man die biologischen Fehler des Menschen beheben, überwinden und ihn in einen entkörperlichten Strom von Elektronen überführen. Das Problem sind also aus transhumanistischer Perspektive die biologischen Limitierungen des Körpers, nicht die technologische Unbegrenztheit von Maschinen.

Die Säulen des Herakles bezeichneten in der Antike nicht nur geografische Grenzen, sondern auch die Begrenzung des kulturellen Raumes und damit die Limitationen menschlicher Möglichkeiten. Es ist eine Grenze, die stabilisiert und einen geordneten Raum definiert, in dem sich der Mensch bewegen soll. Das Verlassen dieser Grenzen ist auch darum gefährlich, weil die Grenzen eines wohlgeordneten kulturell-politischen Raumes verlassen werden. Die Säulen des Herakles sind «Metapher für einen unüberschreitbaren Grenzpunkt»[39] für den Menschen, dahinter ist die Welt gefährlich und unbewohnbar. Der Mensch würde sich der Hybris schuldig machen, wenn er die vorgegebenen Grenzen überschreitet.

Für einen Transhumanisten gibt es keine Limitierungen menschlichen Strebens nach Verbesserung seines Selbst. Die vorgegebenen Grenzen sind dazu da, damit sie überschritten werden. Insofern wohnt dem Transhumanismus auch eine zerstörerische Kraft inne, welche das humanistische Menschenbild[40] negieren und durch ein neues ersetzen und insbesondere die Grundbedingungen menschlichen Lebens ausser Kraft setzen bzw. überwinden möchte. Die einstigen Hoffnungen, die sich im Aufgabengebiet Gottes befanden, werden auf den Menschen übertragen, der sich durch Technik selbst erlösen soll. Damit übernimmt er den eschatologischen Gedanken und überträgt diesen auf die Technik, die den Menschen retten soll. Die Rede von der Rettung des Menschen setzt die Unzufriedenheit mit dem Menschsein voraus. Es ist ein Leiden am Dasein, das Ursprung für den Willen zur Verbesserung des Menschen ist.

Liest man transhumanistische Fantasien etwa von Ray Kurzweil (* 1948), dann steht dahinter der Gedanke, dass der Mensch durch seine Intelligenz seine natürlichen Limitationen überwinden und die biologischen Einschränkungen hinter sich lassen kann.[41] Das Ziel des transhumanistischen Projektes von Kurzweil ist es, das menschliche Gehirn zu verstehen, damit der Mensch noch intelligentere Maschinen als sich selbst erschaffen kann.[42] Die Technologisierung der Welt ist in diesem Sinne ein Werkzeug, mit dem der Mensch sich von seiner Sterblichkeit erlösen kann. Hier haben sich also theologische Motive eingeschlichen, welche davon ausgehen, dass der Mensch sich durch Technologie vor sich selbst retten muss. Es findet eine Verschiebung der Verantwortungslast von Gott auf den Menschen statt, der zu seinem eigenen Retter werden soll. Und die Technologie ist darin zum Erfüllungsgehilfen transhumanistischer Lebensfeindlichkeit geworden: lebensfeindlich darum, weil der Mensch in seiner existenziellen Grundbefindlichkeit nicht mehr ausgehalten werden muss, sondern optimiert, gelöst, berechnet und erweitert wird. Es ist ein Kennzeichen transhumanistischer Terminologie, dass sie den Menschen mittels technischer Begriffe zu beschreiben versucht.

Rosi Braidotti (* 1954) setzt sich kritisch mit den aktuellen Herausforderungen und dem Begriff des Humanismus auseinander. Sie entwirft eine neue Form des Humanismus, nämlich einen kritischen Posthumanismus und einen neuen Materialismus. Ihr wildes und zugleich spekulatives Denken ist gerichtet gegen Herrschaftsdiskurse und alle Formen der Ausgrenzung und Diskriminierung, insbesondere mit Blick auf Geschlechterrollen. In ihrer Bestandsaufnahme der Gegenwart kommt sie zu dem Schluss, dass diese voller gleichzeitiger Herausforderungen ist. Einerseits erleben wir eine technologische Revolution durch KI und den Einsatz von sozialen Robotern, die uns Menschen beispielsweise in der Pflege entlasten werden, und andererseits leiden die Menschen in den armen Ländern dieser Welt unter den Auswirkungen des technologischen Kapitalismus. Braidotti verweist dabei auf das Buch *Digital Rubbish* von Jennifer Gabrys (* 1973), welche die schädlichen Auswirkungen des Computerabfalls eindringlich schildert.[43] Ihr geht es in sehr grundlegender Weise um das Aufdecken von bestehenden Machtverhältnissen und Diskriminierungen in Bezug auf Klasse, Rasse, Geschlecht und sexuelle Orientierung. Diese Diskriminierungen resultieren aus der derzeitigen geopolitischen und postanthropozentrischen Ordnung der Welt.

> Ein Zoe- bzw. geozentrierter Perspektivenwechsel erfordert auch einen Paradigmenwechsel in Bezug auf unser Verständnis von Menschsein bzw. was es bedeutet posthuman zu werden. Voraussetzung dafür ist allerdings eine grundlegende Analyse herrschender Machtverhältnisse und rassistisch begründeter Ungleichheiten. Der posthumane Weg ist weder unitär noch linear, ja womöglich ist darin sogar ein[e] Vielzahl potenziell widersprüchlicher Projekte am Werk.[44]

Der Begriff des Posthumanen oder der posthumanen Wende steht dabei für das Projekt eines Neuanfangs. Ein Projekt, das herkömmliche Machtstrukturen mit feministischem Blick kritisiert und dekonstruiert und damit auch den Begriff des Menschen bzw. des Humanen neu denken möchte. Dieses Denken ist in die Zukunft gerichtet. Die neue Form des Humanismus ist geprägt von den technologischen Entwicklungen, aber auch von einer Vielzahl anderer Einflüsse. Dieser Komplexität und Geschwindigkeit von Welt begegnet Braidotti mit vielen Fragezeichen, welche den Menschen insgesamt verändern werden.

> We cannot solve contemporary problems by using the same kind of thinking we used and when we created them, as Albert Einstein wisely reminds us.[45]

Es entstehen dabei keine praktischen Sollensforderungen oder politischen Handlungsanweisungen, sondern es dominiert der feministisch-technologische Blick auf die bestehenden Welt- und Machtverhältnisse. Sie fordert einen Neuanfang, der aktuelle Macht- und Herrschaftsstrukturen hinter sich lässt.

Bei Martin Heidegger (1889–1976) ist eines der Kennzeichen menschlicher Grundbefindlichkeiten, das «Dasein als Sorge»[46] zu verstehen. Der Mensch ist existenzial-apriorisch in Sorge. Die Sorge ist gemäss Heidegger ein existenzial-ontologisches Grundphänomen; sie entsteht also nicht aus einer bestimmten Alltagssituation oder aufgrund eines Ereignisses in einem Menschenleben, sondern charakterisiert das menschliche Dasein. Die Sorge zeichnet den Menschen in seiner existenziellen Verfasstheit aus. Die Entstehung der Wünsche des Menschen sind aus dieser Verfasstheit der Sorge zu verstehen. Dieses existenzial-philosophische Verständnis des Menschen, das den Menschen in seinem Dasein auffasst, steht quer zu einem mechanistisch-positivistischen Verständnis des Menschen als Maschine. Maschinen kennen keine Sorgen, keine Angst, keine Wünsche. Sie können die Welt nicht retten, ohne den Menschen selbst zu verändern. Dieser Veränderungs- und Verbesserungswunsch des Menschen bringt ihn in Bedrängnis, weil er seine existenzielle Situation nicht aushalten, sondern überwinden möchte. Die Sorge um den Menschen entsteht also nicht durch humanoide Roboter, sondern dadurch, dass der Mensch immer mehr zu einer Maschine wird.

Insbesondere entsteht eine neue Gefahr. Der Mensch begreift sich selbst immer mehr als eine Maschine – eine Maschine, die man verbessern und optimieren kann. Er wird dann verstanden wie ein komplexes Räderwerk, das man wie eine Uhr besser einstellen kann, damit sie genauer wird. Aber der Mensch ist keine Maschine; es führt eher zu einem Problem für ihn, wenn man ihn mechanistisch versteht. Der Gegensatz zu einem mechanistischen Verständnis des Menschen ist es, ihn aus seiner Unverfügbarkeit und damit in seiner Resonanzbeziehung mit der Welt zu verstehen.[47] Ein wichtiges Moment für das Lebendige sind die Momente des Unverfügbaren, also all das, was man nicht beherrschen und planen kann.

> Die Moderne […] ist kulturell darauf ausgerichtet und durch ihre institutionelle Verfassung strukturell dazu gezwungen, die Welt in allen Hinsichten berechenbar, beherrschbar, vorhersehbar, verfügbar zu machen […][48]

Der moderne Mensch möchte sich die Welt immer mehr verfügbar machen. Das wäre aber eine tote, langweilige Welt, in der alles vorhersehbar ist. Als Menschen werden wir erst lebendig, wenn wir unvorhergesehene Momente erleben, wenn wir uns berühren, wenn wir träumen, wenn wir Kinder haben. Hartmut Rosa (* 1965) nennt exemplarisch den Schneefall und die Schneeflocke als eine «Manifestation des Unverfügbaren»[49], denn den Schnee kann man nicht greifen, man kann ihn nicht kontrollieren und ihn sich nicht aneignen, auch schmilzt er in den Händen. Weil er sich nicht aneignen lässt, weil er unverfügbar ist, enthält er immer auch Momente der Sehnsucht.

In seinem berühmten «Spiegel»-Interview von 1966, das erst nach seinem Tod 1976 publiziert wurde, sagt Martin Heidegger angesichts der technologischen Situation der Zeit: «Nur noch ein Gott kann uns retten.»[50] Es ist der Mensch, der vermutlich vor sich selbst gerettet werden muss. Und Heideggers Satz klingt danach, dass der Mensch nicht in der Lage ist, sich selbst zu retten, sondern dass er die Rettung an eine höhere Macht delegieren soll.

> Die Philosophie wird keine unmittelbare Veränderung des jetzigen Weltzustandes bewirken können. Das gilt nicht nur von der Philosophie, sondern von allem bloß menschlichen Sinnen und Trachten.[51]

Es ist eine Macht, welche die menschliche Schaffens- und Gestaltungskraft übersteigt, ein Gott also, der nicht menschlich ist. Manchmal erhält man den Eindruck, dass die Faszination für die Maschinen und die Möglichkeiten künstlicher Intelligenz immer auch von der Hoffnung begleitet sind, dass diese Maschinen uns retten können. Heideggers Aussage in eine Frage umformuliert würde also lauten: «Kann nur eine Maschine uns retten?» Er würde sie verneinen, denn im Verständnis Heideggers ist es die Technik, die den Menschen von der Welt losreisst und entwurzelt. Gerade in der Tatsache, dass die Technik funktioniert und immer mehr kann, sieht er das Unheimliche:

> Es funktioniert alles. Das ist gerade das Unheimliche, daß es funktioniert und daß das Funktionieren immer weiter treibt zu einem weiteren Funktionieren und daß die Technik den Menschen immer mehr von der Erde losreißt und entwurzelt.[52]

Aber warum kann uns ein Gott nicht mehr retten? Eine Antwort darauf finden wir im Denken von Albert Camus (1913–1960), der die absurde Befindlichkeit des modernen Menschen beschrieben hat.[53] Camus hatte die Annahme, dass der Mensch in der sinnlosen Welt auf sich allein gestellt ist, weil es keinen einen Sinn garantierenden Gott gibt. Zudem ist der Mensch nicht dazu in der Lage, die entstandene Lücke auszufüllen, weil er endlich und sterblich ist. Im Gegenteil: Die Welt steht quer zum Menschen und seinem Versuch, die Welt von seinem

Standpunkt aus mit Sinn zu erfüllen. Es liegt nahe, dass der Mensch daher seine Rettung nicht mehr bei Gott, sondern bei den Maschinen sucht. Die Maschinen werden zu unserer Hoffnung, weil der Glaube an einen guten Gott verloren gegangen ist. Die Maschinen haben wir selbst geschaffen, und sie können immer mehr, was wir Menschen nicht können und uns überdauern werden. Das ist der Traum des menschlichen Schöpfers, der eine Macht erschafft, die über seinen Tod hinaus «lebendig» sein wird.[54]

Kann KI unser Klima retten?

Das Eis schmilzt. Wir sind dem Wendepunkt sehr nahe, an dem die Schäden irreversibel sind. Wir erleben einen grossen Verlust an Biodiversität.[55] Die Evidenz einer negativen Entwicklung ist steigend und negative Trends verbreiten sich rasend schnell. Bill Gates (* 1955) vermutet, dass in den nächsten 40 Jahren jeden Monat eine Stadt gebaut wird, die so gross wie New York City ist.[56] Dies geschieht vor allem in China, Indien und Nigeria. Der US-Milliardär Gates verwendet dieses Beispiel, um zu veranschaulichen, wie schnell das Städtewachstum voranschreitet – mit den entsprechenden negativen Folgen für das Klima. Der Schuldige ist schnell gefunden: der Mensch.

> The earth is warming, it's warming because of human activity, and the impact is bad and will get much worse. We have every reason to believe that at some point the impact will be catastrophic.[57]

Der jüngste Klimabericht des Weltklimarats (IPCC) kommt zu dem Schluss, dass menschliche Aktivitäten alle wesentlichen Faktoren des Klimasystems beeinflussen.[58] Der Klimawandel ist dabei nur eines von zahlreichen menschengemachten Problemen. Weitere Herausforderungen sind die Ausbeutung natürlicher Ressourcen, die Vernichtung der Biodiversität[59], Abfälle im Meer, Wasserverbrauch und vieles mehr.[60]Angesichts dessen stellt sich die Frage; Wie kann der Mensch die von ihm verursachte Zerstörung aufhalten?[61]

Kann allenfalls die Künstliche Intelligenz diese Entwicklung aufhalten? In der Wissenschaft wird diese Frage derzeit unter dem Schlagwort «KI für das Gemeinwohl» (*AI for Social Good*) erörtert.[62] Tech-Firmen wie Intel und Google glauben daran und haben entsprechende Initiativen lanciert, welche die Anwendung von KI für das Gemeinwohl fördern möchten. Google stellte in einem Ideenwettbewerb bis zu 25 Millionen Dollar in Aussicht, um die besten Vorschläge zu realisieren.[63]

In der *2030 Agenda for Sustainable Development* (2015) der UNO sind die 17 fundamentalen Ziele für die Menschen und den Planeten festgehalten. Sie sind ein Auf- und Weckruf an die beteiligten Staaten, sich für ein Ende der Armut, eine Verbesserung von Gesundheit und Bildung und gleichzeitig für den Klimaschutz sowie die Erhaltung von Meeren und Wäldern einzusetzen.[64] Die genannten Ziele sind eine ehrgeizige politische Agenda, um die Lebensbedingungen auf der Erde zu verbessern und zu erhalten. Man kann darüber erstaunt sein, dass sie jedoch keinen Hinweis enthalten, welche Rolle die Technologie zur Erreichung dieser Ziele einnehmen soll. Es sind Leitlinien bzw. Leitsterne, um die Welt für die Menschen und die Natur zu einem besseren Wohnort zu machen.[65]

Angesichts der enormen Möglichkeiten der AI-Technologie stellt sich die Frage, inwiefern diese technologische Innovationskraft dazu genutzt werden kann, einen Beitrag zur Realisierung der einzelnen UNO-Ziele zu leisten.

Es lassen sich in der Debatte zwei Grundhaltungen unterscheiden: Die Haltung der Enthaltsamkeit versucht durch individuellen Verzicht und strenge Disziplin, die Lebensweise zu ändern, damit die Auswirkungen auf die Umwelt reduziert und entsprechend auch verbessert werden können. Es ist eine Position des Technikskeptizismus, die kein Vertrauen in die Technologie hat, sondern einen Beitrag für den Umweltschutz und die Nachhaltigkeit durch das Nichtmachen, durch das Verzichten, das Reduzieren erreichen möchte. Sie vertraut darauf, dass Sollensforderungen in entsprechendes Verhalten umgesetzt werden können und Menschen dazu in der Lage sind, ihren Lebensstil selbstbestimmt zugunsten der zukünftigen Generation zu verändern.[66] Diese Position ist technologieskeptisch, weil sie insgesamt der Technologie einen negativen Effekt auf die Umwelt zuschreibt und die Gefahren und weniger die Chancen sieht. Die Welt ist in dieser Sichtweise ein begrenzter Raum und es gibt Grenzen des Wachstums.

Die Haltung des Technikoptimismus vertraut in die technologische Innovationskraft des Menschen, der die entsprechenden Technologien entwickeln kann, um die selbstgemachten Probleme der Umweltzerstörung zu lösen. Ein Beispiel für die Verwendung von KI ist das Sortieren von Abfall durch vollautomatisierte Robotiksysteme: Hier kann ein Beitrag zu raschem und effizientem Sortieren von Abfällen für die Bereitstellung zum Recycling geleistet werden. Technologie kann nur ein Bestandteil einer Vielzahl von Massnahmen sein, um das Klima zu schützen.

Damit KI-Technologien auch für die Erreichung der UNO-Ziele eingesetzt werden können, muss zuerst ein breites Bewusstsein für die Begrenztheit natürlicher Ressourcen auf dem Planeten Erde, für den faktischen Handlungsspielraum und die Einflussmöglichkeiten der verschiedenen Akteure aus Politik, Wirtschaft und Gesellschaft geschaffen werden. Bill Gates beschreibt in seinem 2021 erschienenen Buch *How to avoid a climate desaster*[67] die aktuelle Klimasituation, die technologischen Möglichkeiten und die Handlungsoptionen, die uns zur Verfügung stehen, um die Erwärmung der Erde zu verhindern. Er setzt Zwischenziele bis 2050 und dann bis ins Jahr 2100. Falls es der Menschheit nicht gelingt, diese Erwärmung zu verhindern, wird dies starke Auswirkungen haben.

Die Kernfrage ist aber nicht das Ausspielen gegenüberstehender Positionen und die ideologische Positionierung, sondern die nüchtern-wissenschaftliche Frage, wie es gelingen kann, den Einsatz von Technologie so zu gestalten, dass wir mit ihrer Hilfe weniger Abfall etc. produzieren und die Belastung für den Planeten durch menschlichen Einfluss reduzieren. Die grosse Herausforderung ist es also, den Umweltschutz mit Technologie zu verknüpfen und sich immer wieder die Frage zu stellen, wofür wir die Technologie einsetzen. Dies ist die grosse Herausforderung, die sich derzeit stellt, nämlich die enorme Kraft technologischer Entwicklung für gute Ziele zu verwenden. Dank technologischer Innovation kann es gelingen, den Verbrauch endlicher Ressourcen und die Klimaerwärmung zumindest zu verlangsamen. Es ist eine Aufgabe für die gegenwärtigen und zukünftigen Menschheitsgenerationen. Die *United Nations Framework Convention on Climate Change* aus dem Jahr 1992 formuliert den Auftrag an die Länder, dass sie gefährliche anthropozentrische Interventionen verhindern.[68]

> Das Endziel dieses Übereinkommens und aller damit zusammenhängenden Rechtsinstrumente, welche die Konferenz der Vertragsparteien beschließt, ist es, in Übereinstimmung mit den einschlägigen Bestimmungen des Übereinkommens die Stabilisierung der Treibhausgaskonzentrationen in der Atmosphäre auf einem Niveau zu erreichen, auf dem eine gefährliche anthropogene Störung des Klimasystems verhindert wird. Ein solches Niveau sollte innerhalb eines Zeitraums erreicht werden, der ausreicht, damit sich die Ökosysteme auf natürliche Weise den Klimaänderungen anpassen können, die Nahrungsmittelerzeu-

> gung nicht bedroht wird und die wirtschaftliche Entwicklung auf nachhaltige Weise fortgeführt werden kann.[69]

Als politisches Ziel wird also die Verhinderung der «anthropogenen Störung» formuliert; damit wird dem Menschen ein grosses Projekt übergeben: Er soll sich vor sich selbst schützen bzw. retten. Wichtig ist in diesem Kontext, darauf hinzuweisen, dass Technologie nie neutral ist. Die Neutralitätsthese der Technikethik besagt, dass «das Entwickeln und Herstellen technischer Geräte und Verfahren»[70] ethisch neutral ist, d. h., man kann über sie nicht in den Kategorien Gut oder Schlecht sprechen und sie ethisch einordnen, weil sie sich dieser Wertung entzieht. Hingegen ist der Einsatz von Werkzeugen und Maschinen nicht ethisch neutral, sondern diese können verantwortungsvoll oder verantwortungslos eingesetzt werden. Diese Neutralitätsthese der Technik wird insbesondere auch kritisiert, weil Technik, Werkzeuge, Instrumente immer auch mit Blick auf bestimmte Anwendungen entworfen und entwickelt werden und daher nicht von ihrem Anwendungsfeld und ihrem Einsatz getrennt werden können. Denkt man das weiter, dann gelangt man zu der Frage, ob man eine bestimmte Technologie überhaupt erforschen und entwickeln sollte.

Der philosophische Vordenker dieser Entwicklungen hinsichtlich der Auswirkungen für den Menschen war Hans Jonas (1903–1993), der 1979 in seiner Schrift *Das Prinzip Verantwortung* die Grundlagen einer Ethik für das technologische Zeitalter beschrieben hat.[71] Weil die Eingriffe des Menschen in die Natur mittlerweile eine grosse Tragweite erreicht haben und nicht mehr nur oberflächlich sind, ist gemäss Jonas die Begründung einer neuen Ethik notwendig. Diese Ethik entsteht auf dem Boden der Einsicht, dass die Natur verletzlich geworden ist durch die technischen Interventionen des Menschen.[72] Der Mensch hat durch die technischen Entwicklungen eine neue

Macht erhalten, nämlich die Macht, das Gleichgewicht der Natur zu stören bzw. zu zerstören. Das «Zugrundegehen durch Taten des Menschen»[73] ist zu «einer realen Möglichkeit» geworden. Es ist ein Wendepunkt für die Menschheit, dass ihr die Sorge und die Verantwortung für die Natur übergeben wird.

Günter Anders (1902–1992) hat die Auswirkungen technologischer Entwicklung auf den Menschen in der Schrift über *Die Antiquiertheit des Menschen* (1956) reflektiert. Darin wirft er vor dem Hintergrund des Zweiten Weltkrieges und des Einsatzes der Atombombe in Hiroshima und Nagasaki einen kritisch-pessimistischen Blick auf die Welt- und Menschensituation und entfaltet eine medien- und konsumkritische Sichtweise auf die globale Bilderflut, welche durch illustrierte Blätter, durch Filme und Fernsehsendungen ausgelöst wird.[74] Er diagnostiziert ein «post-literarisches Analphabetentum»[75], das zur Verdummung und zur Verhüllung der Welt beiträgt. Er trägt also eine Kritik der Technik vor, die den Menschen als abhängig von Technik schildert und zu ihrem Opfer macht. Im Zentrum seiner Überlegungen steht dabei der Begriff der «prometheischen Scham». Er greift hier auf die griechische Mythologie zurück und nimmt Bezug auf Prometheus, welcher sinnbildlich für menschliche Schöpfungskraft steht, weil er den Menschen Feuer und Leben schenkt. Gerade diese menschliche Fähigkeit des Schöpfens ist gemäss Anders im 20. Jahrhundert zu einer Gefahr geworden, weil sie entfesselt wurde, d. h. ausser Kontrolle geraten ist. Prometheus wurde von Zeus dafür bestraft und auf einen Felsen gefesselt, wo er nach 30 Jahren vom Halbgott Herakles befreit wurde.

Günter Anders nimmt auf diese Geschichte Bezug, indem er von der «prometheischen Scham» spricht, welche die Gefühlslage des Menschen angesichts der Perfektion von menschlich erschaffenen Produkten beschreibt. In seiner Interpretation sind wir an einem Wendepunkt angekommen, der auch Auswirkungen auf die Situation des Menschen hat, denn die technologische Entwicklung führt dem Menschen täglich vor Augen, dass er den Apparaten hinsichtlich Kraft, Tempo, Ausdauer unterlegen ist und daher nicht mehr Stolz, sondern Scham angesichts ihrer Perfektion empfindet. Insofern versteht er Produkte als Beweismittel menschlicher Insuffizienz.[76] Der Kern all dieser Überlegungen ist die Diagnose einer Schieflage, in welche sich der Mensch selbst manövriert hat, indem er Produkte geschaffen hat, die Folgewirkungen entstehen lassen, die sich menschlicher Kontrolle entziehen. Der Mensch lotet also nicht nur Grenzen aus, sondern er hat auch etwas erschaffen, was nicht mehr kontrollierbar ist und unsere Vorstellungskraft überfordert bzw. übersteigt. Das heisst, die Welt ist uns tödlich fremd geworden, indem unsere Gefühls- und Vorstellungskraft das nicht mehr fassen können, was wir selbst hervorgebracht haben.[77] Wir können Anders' Denken als Warn- und Weckruf verstehen, aber auch als Technik- und Modernitätskritik lesen, die durch grosse Sorge vor den Folgen technologischer Entwicklung geprägt ist. Dadurch ruft er einen ethischen Leitsatz in Erinnerung, der besagt, dass nicht alles, was man machen kann, auch getan werden soll. Günter Anders hat seine Philosophie vor dem Hintergrund der atomaren Bedrohung entwickelt. Er entwickelt die Überlegungen zur «prometheischen Scham» angesichts der existenziellen Bedrohung des ganzen Planeten. Der Mensch hat damit eine rote Linie überschritten, die er vorher gar nicht gesehen hat. Sie wurde erst sichtbar, als neue technische Möglichkeiten entstanden sind. Jedoch muss man schon unterscheiden zwischen der Fremdheitserfahrung angesichts atomarer Bedrohung und der Fremdheitserfahrung durch einen perfekten Roboter, der uns Menschen beschämt, weil er vieles besser kann als wir selbst. Die Atombombe stellt die Existenz der Erde und damit das Weiterleben des Menschen grundsätzlich infrage. Der humanoide Roboter stellt vorerst nicht infrage, ob der Mensch überhaupt weiterleben wird, sondern ob der Mensch angesichts der Erfahrung perfekter Roboter sein bisheriges Selbst- und Weltbild aufrechterhalten kann. Günter Anders hatte im Gegensatz zu Hans Jonas die ökologische Dimension menschlichen Handelns (noch) nicht im Blick. Anders beobachtet und diagnostiziert besonders die existenzielle Grundbefindlichkeit des Menschen, die er gefährdet sieht. Das heisst, sein Hauptinteresse sind die Auswirkungen auf die menschliche Seele, seine Gefühls- und Vorstellungskraft, auch wenn er den grundsätzlichen Weiterbestand der Welt als apokalyptisches Szenario jederzeit im Blick hat. Die Entwicklung humanoider Roboter konnte er noch nicht im Blick haben.

Der niederländische Meteorologe und Atmosphärenchemiker Paul J. Crutzen (1933–2021) hat den Begriff *Anthropozän* geprägt, mit dem er ein erdgeschichtliches Ereignis von einer enormen Tragweite bezeichnet.[78] Mit dem Begriff soll die Tragweite menschlicher Eingriffe in die Natur beschrieben, aber auch Bewusstsein und Verantwortung des Menschen für die limitierte Belastbarkeit des Ökosystems und die Knappheit der Ressourcen geschaffen werden.[79] Crutzen verknüpft mit dem Begriff des Anthropozäns die Feststellung eines Sachverhaltes mit dem Appell und Warnruf an Politik und Gesellschaft, sich für eine bessere Welt einzusetzen, denn wir befinden uns an einem Punkt des Umschlags: Die heutige Welt ist von Menschen gemacht und bedroht und kann wieder von ihnen verändert werden. Den Beginn des Anthropozäns legt Crutzen auf den Anfang des 18. Jahrhunderts, also auf den Beginn der industriellen Revolution. Seit 1800 und bis zum Jahr 2000 hat sich die Weltbevölkerung versechsfacht, der Energieverbrauch ist um das 40-Fache gestiegen und die Weltwirtschaft hat sich um den Faktor 50 vergrössert.[80] Der entscheidende Wendepunkt war nach dem Zweiten Weltkrieg, als es zur *Great Acceleration* kam. Damit setzten auch Aktivitäten ein, welche starke Auswirkungen auf die Natur und unsere Beziehung zur Natur hatten. Aufgrund dieser starken negativen Auswirkungen des menschlichen Tuns auf die Erde braucht es einen Wandel der Beziehung zur Natur und zur Erde. Es braucht eine neue «Kultur des Bewahrens und Schützens»[81], die entwickelt werden muss. Das bedingt ein neues Verhältnis des Menschen zur Natur, der diese ausbeutet, stört und in sie eingreift. Die Folgen dieser Eingriffe des Menschen sind dramatisch. Der Klimawandel bedroht nicht nur den Menschen, sondern die Natur selbst. Eine der grössten Bedrohungslagen geht von den CO_2-Emissionen aus – insgesamt sind dies ca. 51 Milliarden Tonnen pro Jahr.[82]

Welche Rolle kann digitale Technologie und insbesondere KI für die Lösung dieser Probleme übernehmen? Und welche Rolle spielten digitale Technologien hinsichtlich des Übergangs zum Anthropozän?

Alan Turing (1912–1954) hat mit seiner Turing-Maschine (1936/1937) die Grundlagen für die Computerrevolution gelegt, die gleichzeitig mit der *Great Acceleration* in der Wirtschaft stattfand. Es ist wohl nicht zu weit gegriffen, wenn die Entwicklung der Computer als Auslöser für die rasante Veränderung der Weltwirtschaft interpretiert wird. Das heisst, die digitale Technologie hat einen grossen Innovationsschub ausgelöst, Probleme gelöst, Produktivität gesteigert, sie ist aber damit auch gleichzeitig mitverantwortlich für die enormen Folgeschäden an der Natur, die aufgrund des Wirtschaftswachstums entstanden sind. Die rasanten technologischen Entwicklungen und die gleichzeitig stattfindende Bedrohung der Natur durch uns Menschen führen zu einem Kulminationspunkt in der Gegenwart und dies insofern, als die aktuelle Lage in ihrer Tiefendimension entschlüsselt werden muss, um den historischen Moment zu verstehen und damit die Lage des Menschen auf dem Planeten zu begreifen.

Chancen und Risiken von KI

Es steht ausser Frage, dass Künstliche Intelligenz einen sehr grossen Einfluss auf die Gesellschaft und das Individuum haben wird. Dabei dreht sich die laufende Diskussion oft um die Frage, ob die Entwicklung und der Einsatz von KI positive oder negative Auswirkungen haben werden. Oder anders gefragt: Was sind die Chancen und Risiken von KI?

Die Entwicklung und der Fortschritt bei der Anwendung Künstlicher Intelligenz finden in einer Zeit statt, in der die Verunsicherung gross geworden ist und in der politisch wie gesellschaftlich darüber gestritten wird, welchen Stellenwert der technologische Fortschritt bei der Bewältigung der aktuellen und zukünftigen Aufgaben der Menschheit haben wird. Auf der einen Seite stehen die Skeptiker der Technologie, welche mit Misstrauen, Verweigerung und Angst auf den Fortschritt reagieren, auf der anderen Seite die Technikoptimisten, welche der Leistungskraft von Wissenschaft und Technologie vertrauen. An einzelnen Momenten technologischer Entwicklung wird dabei dieser Grundwiderspruch sichtbar und es entzünden sich Provokation und Streit.

Zu den grossen Gefahren der Technologie Künstlicher Intelligenz gehört, dass sie den Menschen verführerisch einfache Lösungen für die Probleme der Gegenwart verspricht. Sie scheint auf den ersten Blick vor allem dazu da, um menschliche Probleme lösen zu können. Sie verbessert medizinische Diagnostik, sie entlastet uns im Haushalt und bei der Arbeit, sie führt Kriege für uns, sie ist genauer, präziser und bietet in fast jedem Anwendungsgebiet neue Lösungen an. Die Gefahr ist nicht die bequeme Entlastung im Alltag, sondern besteht in der schleichenden Abgabe von Verantwortung an die Maschine. Die Auflösung der Entscheidungsautonomie des Menschen findet fliessend statt. Es gibt eine stille Übergabe von Verantwortung an Maschinen; und es droht, dass der Mensch aus Bequemlichkeit die Maschinen entscheiden lässt, wo er verantwortlich wäre. Was wären die Folgen, wenn dieser Fall eintreffen würde?[83]

Die Künstliche Intelligenz hat sowohl Nutzen wie auch Nachteile für die Demokratie. Sie ist janusgesichtig. Der römische Gott hat zwei Gesichter, eines blickt nach vorn, das andere nach hinten. Einerseits kann KI ein Werkzeug für Demokratie, Transparenz und Rebellion gegen Ungerechtigkeit sein, andererseits kann sie autokratische Systeme in der Kontrolle von Medien, Meinungsfreiheit und Ausübung politischer Rechte behindern. Die Gefahr der Manipulation von Wahlverhalten durch KI-Systeme ist sicherlich gross, weil diese innerhalb der sozialen Medien auf Grundlage der Auswertung des Nutzerverhaltens gezielt eingesetzt werden können. Auch *deep fakes* sind eine Bedrohung demokratischer Willensbildungsprozesse, weil sie zu manipulativen Zwecken verwendet werden können. KI-Systeme ermöglichen es, einseitige Übertreibungen und Verzerrungen bei der demokratischen Willensbildung zu erzielen. Der Einzelne wird zum Ziel der Algorithmen, was es erlaubt, dessen Meinungsbildung und damit auch dessen Stimmverhalten durch entsprechend personalisierte Inhalte zu beeinflussen. Als normative Grundlage für einen gelungenen Willensbildungsprozess in einer Demokratie gilt, dass der Einzelne sich am Willensbildungsprozess der Öffentlichkeit beteiligt.

> Dem Wähler wird zugemutet, dass er, mit einem gewissen Grad an Urteilsfähigkeit und Kenntnissen, interessiert an öffentlichen Diskussionen teilnimmt, um, in rationaler Form und am allgemeinen Interesse orientiert, das Richtige und Rechte als verbindlichen Massstab für das politische Handeln finden zu helfen.[84]

Dies gelingt nur, wenn der Prozess der Willensbildung des Einzelnen nicht durch manipulative Beeinflussung gestört wird. KI-Systeme, welche den Einzelnen mit manipulativer Absicht adressieren, stören das wertvolle Gut öffentlicher Meinungsbildungsprozesse in einer Demokratie.

Überhaupt haben Lügen und Halbwahrheiten einen grösseren Stellenwert gerade auch in demokratischen Systemen erhalten.[85] Das postfaktische Zeitalter akzeptiert mehr Meinungen als Tatsachen und zeichnet sich durch den selektiven Einsatz von Fakten aus, welche die eigene Meinung stützen und andere unerwünschte Fakten ausblenden.[86] Postfaktische Rhetorik beeinflusst den politischen Diskurs und destabilisiert die Grundlagen der Demokratie; sie unterscheidet nicht mehr akkurat zwischen Tatsachenwahrheit und Fiktion. Postfaktizität verzerrt Willensbildungsprozesse und öffnet Raum für Spekulation und Fiktion.[87] KI-Systeme mit ihren Möglichkeiten von *Microtargeting* verstärken destabilisierende Effekte im postfaktischen Zeitalter und haben die Fähigkeit, die Demokratie stark zu beschädigen, indem sie Einseitigkeiten stärken, Gewichtungen verschieben und damit dazu beitragen können, den Grund zu erschüttern, der die Demokratie trägt. Sicherlich haben die postfaktischen Erschütterungen der Demokratie auch mit den Möglichkeiten sozialer Medien zu tun, welche denjenigen Informationen viel Verbreitung ermöglichen, die viel Aufmerksamkeit erhalten. Dies wiederum beeinflusst die faktische Wirklichkeit, weil die Häufigkeit von Verbreitung häufig mit der Wahrheitsempfindung korreliert. Der Grund der Demokratie ist die Urteilskraft der Bürgerinnen und Bürger, diese aber wird durch Zerstreuung und Unterhaltung – so wurde immer wieder pessimistisch angemahnt – ausgehöhlt und droht einzustürzen. Es ist Neil Postman, der 1985 in seiner Analyse *Wir amüsieren uns zu Tode* beklagt, dass wir in einem Wandel sind, der den Grund der politischen Urteilsbildung gefährdet. Ein in den Augen Postmans gefahrvoller Wandel, der dabei ist, unsere Kultur umzuformen. Der Grund liegt für ihn im Übergang vom Schreiben zur «Magie der Elektronik»[88].

> Weitgehend ohne Protest und ohne dass die Öffentlichkeit auch nur Notiz genommen hat, haben sich Politik, Religion, Nachrichten, Sport, Erziehungswesen und Wirtschaft in kongeniale Anhängsel des Showbusiness verwandelt. Wir sind im Zuge dieser Entwicklung zu einem Volk geworden, dass im Begriffe ist, sich zu Tode zu amüsieren.[89]

Die Kultur wird durch ihre Kommunikationsmittel geprägt. Wenn es nicht mehr die Sprache ist, sondern das Fernsehen und die Unterhaltung, welche diese prägen, dann verändert das unsere Kultur in grundlegender Weise. Die Menschen verlieren an Urteilskraft, weil eine Auflösung der Unterscheidung von Aufklärung zur Unterhaltung stattgefunden hat. Das führt zu Auswirkungen auf die demokratisch-öffentlichen Willensbildungsprozesse, welche mündige und aufgeklärte Bürgerinnen und Bürger voraussetzt. Die Kommunikation der aufgeklärten Bürgerinnen und Bürger beruht auf dem sprachlichen Austausch, dieses aufklärerische Ideal wird durch die mediale Macht der Bilder beeinträchtigt und bedroht. Postman wirft einen kulturpessimistischen Blick auf die medialen Veränderungen in den 80er-Jahren des 20. Jahrhunderts. Er entwirft das Bild einer zerstreuten Kultur, der es nicht mehr gelingt, die schriftliche Kultur des Austauschs zu erhalten. Dies ist für Postman darum relevant, weil es die Grundlage für die Willensbildungsprozesse einer Demokratie darstellt, die er akut bedroht sieht. Er versteht sich selbst als ein Seismograph der Gegenwart, der negative Entwicklungen entdeckt und daraus ableitet, dass die politische Urteilsbildung und damit die Grundlage der Demokratie in Gefahr ist. Seit Postmans pessimistischer Kulturanalyse sind über 30 Jahre vergangen und angesichts der medialen Umwälzungen, die dazwischen liegen, würde Postmans Urteil wohl noch dramatischer ausfallen.

Jürgen Habermas (* 1929) macht in *Strukturwandel der Öffentlichkeit* (1962) die Massenmedien für die Störung demokratischer Willensbildung verantwortlich.[90] Er zeichnet die historischen Konstellationen nach, die zu einer Veränderung der öffentlichen Willensbildungsprozesse geführt haben. Diese Veränderungen sind zeitlich der Entstehung von KI-Systemen zur Beeinflussung öffentlicher Willensbildung vorgelagert. KI ist also nicht Ursprung des Übels, wirkt aber verstärkend auf zeitlich vorher entstandene Veränderungen von Meinungsbildungsprozessen ein. KI-Systeme und ihre Fähigkeit zur Beeinflussung von Wahlverhalten und Meinungsbildung im grossen Stil verstärken also die zunehmende Erosion von Demokratie, die am Übergang zu einer Postdemokratie angelangt ist, in der die Institutionen beschädigt sind und die Bürgerinnen und Bürger teilnahmslos werden und die Verantwortung lieber an die Expertinnen und Experten delegieren.[91] Postdemokratie zeichnet sich dadurch aus, dass Widersprüche und Konflikte nicht mehr diskutiert und verhandelt, sondern verstärkt werden.[92] Es ist ein Kerngehalt der Demokratie, dass ihre Regeln und die Widersprüche im öffentlichen Streit der Meinungen ausdiskutiert werden und so die Grundlage für eine stabilisierende Erneuerung der Demokratie darstellen. Am Beispiel des Einflusses von KI auf demokratische Willensbildungsprozesse zeigt sich, dass KI-Systeme sowohl einen positiven wie auch einen negativen Einfluss haben können, dass sie sowohl Chancen bieten als auch gleichzeitig Risiken erhöhen. KI-Systeme wirken insbesondere verstärkend, indem sie beispielsweise neue Möglichkeiten des Missbrauchs eröffnen oder bereits bestehende Technologien verbessern. Diese technologischen Verbesserungen können für Betrug genutzt oder für die Intensivierung von Cyberkrieg eingesetzt werden.[93]

KI-Systeme können den Menschen von repetitiver und körperlich anstrengender Arbeit entlasten und Arbeiten vereinfachen. Dies hat einerseits Vorteile, weil nun Maschinen diese mühevollen und monotonen Arbeiten übernehmen und Zeit und Energie für intellektuelles, kulturelles und soziales Engagement frei wird. Insgesamt könnte KI also ein Beitrag zur Verbesserung der Selbstverwirklichung des Menschen sein. Die Kehrseite dieser Entlastung von körperlicher Arbeit ist, dass sich die Anforderungen an die Arbeitnehmenden der Zukunft auch radikal ändern. Der Report des Weltwirtschaftsforums (WEF) zu *Future of Jobs* skizziert die Fähigkeiten und die Jobs der Zukunft. Zu den wichtigsten fünf Skills für die Jobs der Zukunft zählen diese: analytisches Denken und Innovation, aktives Lernen und Lernstrategien, komplexe Problemlösefähigkeiten, kritisches Denken und Analyse, Kreativität, Originalität und Initiative.[94] Der Report von PricewaterhouseCoopers (PwC) zur Digitalisierung und zur Arbeitswelt der Zukunft schildert folgende Fähigkeiten, die Arbeitnehmende in Zukunft benötigen werden: 1. Kontinuierliches und proaktives Dazulernen, 2. Tiefes Verständnis für digitale Prozesse, 3. Programmierkenntnisse und 4. Neue Denkweise.[95] Nehmen wir das Beispiel eines LKW-Fahrers, der Waren von A nach B transportiert. Wird es seinen Job in Zukunft noch brauchen, wenn selbstfahrende Lastwagen seine Aufgabe übernehmen und Roboter das Beladen und Entladen übernehmen, und was hat das alles für Folgeeffekte?[96] Oder der Mitarbeiter in einem Supermarkt, dessen Arbeit bei der Erfassung der gekauften Waren zukünftig nicht mehr nötig sein wird. Wird er eine neue Arbeit finden? Wo werden der Koch und das Servicepersonal arbeiten, wenn zukünftig Roboter die Zubereitung und Auslieferung von Essen übernehmen werden? Inwiefern werden die neuen technologischen Möglichkeiten eine Auswirkung auf die Zusammenarbeit von Menschen mit Maschinen haben? Und welche Kompetenzen müssen zukünftige Arbeitnehmende mitbringen, wenn sie an der Schnittstelle von Mensch und Maschine arbeiten? Es steht ausser Frage, dass wir hier vor grossen Veränderungen und Herausforderungen stehen. Sicherlich wird dies Auswirkungen auf Beschäftigungszahlen haben, aber insbesondere zwingt es viele Menschen dazu, dass sie sich dauernd weiter qualifizieren müssen, um den Anforderungen der neuen Jobs gerecht werden zu können.

KI-Technologie bietet viele Möglichkeiten, um einen positiven Einfluss auf die Menschen und auf das Gemeinwohl zu nehmen. KI wird eingesetzt bei der Diagnose von Krankheiten, bei der Entwicklung von Medikamenten, beim Sortieren von Abfall, bei der Verbesserung von Verkehrsflüssen, bei der Optimierung von Logistik und von Prozessen. Zu den positiven Möglichkeiten von KI gehört also, dass wir ein Hilfsmittel erhalten haben, das menschliche Fähigkeiten und Möglichkeiten verbessert. Diese Möglichkeiten können dazu beitragen, um bisher ungelöste Probleme zu lösen. KI kann auch einen Beitrag zur Lösung von Umweltproblemen liefern. Sofern wir aber KI zu sehr vertrauen und ihr menschliche Aufgaben komplett übertragen, droht die Gefahr, dass wir die autonomen Systeme nicht mehr kontrollieren können. Hier gilt es, sorgfältige Abwägungen zu treffen, welche Teile wir an die Maschinen delegieren und welche Teile in der Verfügungsgewalt des Menschen bleiben. Bei dieser Abwägung muss jedoch das menschliche Wohl im Auge behalten werden. Dabei soll KI so eingesetzt werden, dass menschliche Selbstbestimmung und soziales Miteinander gefördert und nicht verhindert werden. KI steht in Wechselwirkung mit der Technologie, der Gesellschaft, der Kultur und soll so eingesetzt werden, dass sie gesellschaftliche Akzeptanz erfährt, und dies wiederum setzt voraus, dass die

Entwicklung der KI ethischen Leitlinien folgt, die das Wohl des Menschen und seine Selbstentfaltung in den Mittelpunkt stellen. Menschen wollen nicht von einer Maschine gesteuert werden.[97]

Zu den weiteren Risiken beim Einsatz von KI-Systemen zählen der Missbrauch von Daten und die Furcht vor der totalen Überwachung des Menschen.[98] Jeremy Bentham (1748–1832) hat ein panoptisches Gefängnis entworfen, das zur Metapher für die vollständige Überwachung und Disziplinierung des Menschen geworden ist.[99] In diesem Gefängnis steht der Überwachungsturm in der Mitte eines kreisrunden Innenhofes, von dem aus die transparenten Gefängniszellen beobachtet werden können. Es ist ein Überwachungssystem, das wenig Aufwand braucht, um die Gefangenen kontrollieren zu können. Insbesondere sind die Beobachtenden unsichtbar, im Gegensatz zu den Gefangenen, die kontinuierlich beobachtet werden können. Es ist also eine einseitige Überwachung und keine wechselseitige Transparenz. Die Überlegungen von Bentham finden ihre Fortsetzung bei Michel Foucault (1926–1984), der in *Überwachen und Strafen. Die Geburt des Gefängnisses* (1975) die Grundlagen der Entstehung des Disziplinar- und Überwachungsstaates beschreibt.[100] Das Panopticon ist gemäss der Analyse von Foucault «eine Art Laboratorium der Macht.»[101] Entsprechend versteht er es als eine «Maschine für Experimente zur Veränderung des Verhaltens, zur Dressur und Korrektur von Individuen.»[102]

Das Panopticon der heutigen Welt ist nicht mehr der Überwachungsturm in der Mitte des Gefängnisses, sondern umfasst die Beobachtung der ganzen Gesellschaft. Der Einzelne muss davon ausgehen, dass er die ganze Zeit beobachtet wird. Die Mittel zur Überwachung sind andere geworden: Es ist nicht mehr der Blick des Gefängniswärters, sondern es sind die Algorithmen, die Smartphones und die Kameras, es sind die gesammelten Daten, welche eine disziplinierende Wirkung auf den Bürger und die Bürgerin eines Staates haben.

> Das Panopticon ist eine wundersame Maschine, die aus den verschiedensten Begehrungen gleichförmige Machtwirkungen erzeugt.[103]

KI-Systeme ermöglichen es, diese grossen Datenmengen auszuwerten und missbräuchlich zu verwenden. Es ist erstaunlich, dass wir alle unsere Daten für ein bisschen Komfort freiwillig und kostenlos abgeben und damit die Systeme füttern, die unser Verhalten auswerten und beeinflussen. Foucault verwendet die Metapher der Maschine, um den Überwachungsapparat zu beschreiben, der Machverhältnisse schafft und aufrechterhält.[104] Die Maschine hält die Menschen gefangen. Sie stellt einen inneren Mechanismus dar, um diese in ihrem Verhalten zu beeinflussen bzw. zu steuern. Wer die Macht ausübt, ist unsichtbar geworden. Es sind nicht die sichtbaren Architekturen allein, sondern auch die Konstruktionen von Netzwerken, von Datenauswertungen, von Algorithmen, welche die gegenwärtigen Machverhältnisse darstellen.

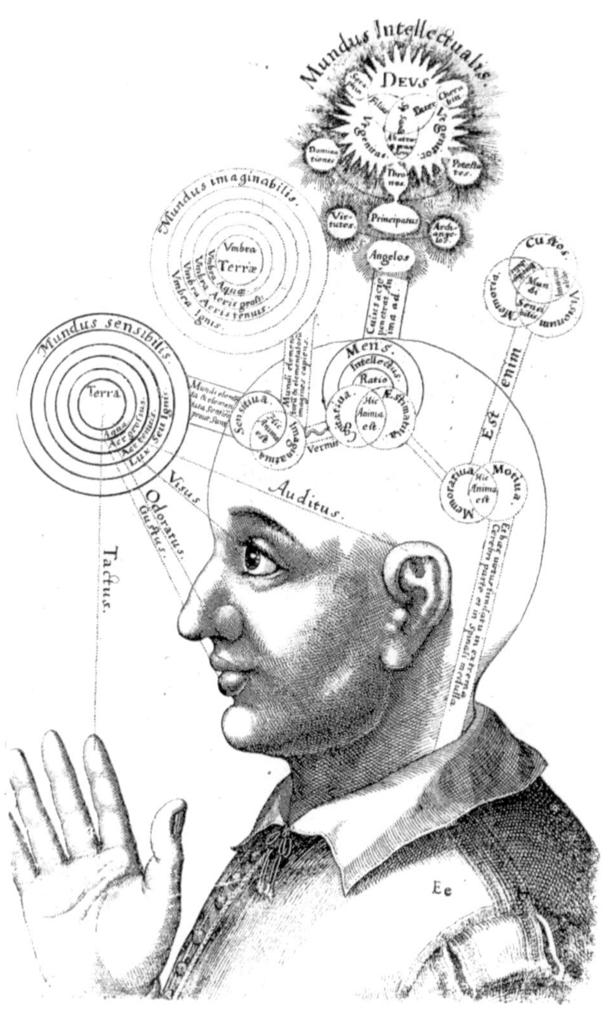

Abb. 2 Robert Fludd, Geist und Bewusstsein, 1619.

Können Maschinen denken?

Der Begriff der Künstlichen Intelligenz ist missverständlich bzw. problematisch.[105] Die gegenwärtigen technischen Möglichkeiten sind nicht intelligent, sie sind aber in der Lage, klar gesetzte Ziele in einem definierten Rahmen sehr effizient und effektiv zu lösen.[106] Die Schwierigkeit des Begriffs der Intelligenz von Maschinen liegt in dem Versprechen, das er macht. Er erhebt Anspruch auf Simulation menschlicher Intelligenz, also die Nachbildung des Menschen als Maschine. Was ist das für ein riesiger menschlicher Ehrgeiz, der sich hinter dem Projekt der Künstlichen Intelligenz verbirgt? Es strebt an, das Faszinierendste, das geheimnisvollste Rätsel des Universums zu lösen: die Erschaffung von bewusstem Leben.

Künstliche Intelligenz – was ist das?

John McCarthy (1927–2011) prägte den Begriff *Artificial intelligence* (Künstliche Intelligenz) im Jahr 1955, als er einen Antrag für eine Summer School in Dartmouth zwecks Finanzierung bei der Rockefeller Foundation stellte und diese dann im Jahr 1956 unter Beteiligung vieler namhafter Wissenschaftler stattfand. Rückblickend schrieb er zur Auswahl des Begriffs:

> The term was chosen to nail the flag to the mast, because I (at least) was disappointed at how few of the papers in Automata Studies dealt with making machines behave intelligently.[107]

Im Antrag von 1955 formulierte er diesen hohen Anspruch an das neue Forschungsfeld wie folgt:

> An attempt will be made to find how to make machines use language, form abstractions and concepts, solve kinds of problems now reserved for humans, and improve themselves.[108]

Obwohl man die selbstgesetzten Ziele an der Summer School nicht erreichen konnte, setzte McCarthy damit den Namen für ein neues Forschungsfeld, der bis heute selbstverständlich, aber mittlerweile auch inflationär und damit etwas nebulös verwendet wird. Das grundlegende Ziel der AI-Forschung ist dabei das gleiche geblieben: eine künstliche Intelligenz, die über umfassende Fähigkeiten verfügt (*Artificial General Intelligence, AGI*) und nicht nur einzelne Fähigkeiten des Menschen übertrifft (*Artificial Narrow Intelligence, ANI*). Es geht also bis heute darum, das Zusammenspiel verschiedener Forschungsfelder zu einem Hauptziel zu bündeln: die Simulation menschlicher Fähigkeiten ausserhalb des Menschen. Bei dieser einfachen Definition wird betont, dass es um die Simulation, also um die Nachahmung von menschlichem Denken, Wahrnehmen und Entscheiden, geht. Die menschlichen Fähigkeiten werden mittels Computersystemen simuliert, die nicht im menschlichen Körper, sondern ausserhalb von ihm stattfinden. Das heisst, mittels nichtmenschlicher bzw. nichtbiologischer, aber von Menschen erschaffenen Computersystemen werden menschliche Fähigkeiten nachgebildet. Der Hinweis darauf, dass KI menschliche Fähigkeiten ausserhalb des menschlichen Körpers simuliert, verweist darauf, dass es ein vom Menschen unabhängiges System ist, das diese Simulation vornimmt und darauf, dass Simulation nichtbiologisch bzw. künstlich ist.[109] KI-Systeme werden meist entwickelt, um bestimmte Probleme zu lösen. Menschen sind nicht Problemlösungsmaschinen, ihr biologischer Zweck ist die Fortpflanzung, und sie haben eine Würde, was bedeutet, dass Menschen nicht da sind, um einen bestimmten Zweck zu erreichen, den andere für ihn festgelegt haben. KI hingegen hat keine Würde, es zeichnet sie sogar aus, dass sie erfunden wurde, um für die Lösung menschlicher Probleme eingesetzt zu werden. Die medizinische Diagnostiksoftware CADEYE beispielsweise wurde entwickelt, um mittels KI in Echtzeit im Rahmen einer Darmspiegelung Kolonpolypen zu erkennen. Das ist eine Anwendung von KI, die dem Menschen (in diesem Fall dem Arzt bzw. der Ärztin) anzeigt, ob es sich um einen auffälligen Polypen handelt, der genauer untersucht werden muss.[110] KI bietet also eine Hilfestellung für den Menschen an. Die KI-Software hat keinen Selbstzweck, sondern sie simuliert menschliche Fähigkeiten, damit sie den Menschen entlastet bzw. in der Präzision seiner Analyse unterstützt. Die Software ist nichtbiologisch und sie ist nicht Teil des menschlichen Körpers, sondern ausserhalb von ihm auf einer Festplatte bzw. einem nichtbiologischen Speichersystem abgelegt.

Andere Definitionen von KI fokussieren nicht die Unterscheidung vom Menschen, sondern zählen auf, was die Kerngebiete der Künstlichen Intelligenz als einer Teildisziplin der Informatik umfassen.[111] Künstliche Intelligenz kann also auch technisch beschrieben werden, indem wichtige Anwendungsgebiete von KI zusammengefasst werden. Dazu zählen etwa: Bildverarbeitung, Robotik, Fliesstext- und Spracherkennung, mechanische Beweise und die Konstruktion von wissensbasierten Systemen.[112] Der Begriff der Künstlichen Intelligenz wird dabei nicht nur als Sammelbegriff für Bereiche bzw. Techniken wie maschinelles Lernen, künstliche neuronale Netze etc. verwendet, sondern auch als Bezeichnung für einen intelligenten Roboter, also für eine Maschine, die menschliches Leben in einem künstlichen Wesen nachbildet.[113] Zurecht bemerkt der Neurowissenschaftler Antonio Damasio (* 1944), dass die Pioniere der KI sich für die «schlichte Intelligenz» und nicht für ein ganzheitliches Verständnis von Intelligenz interessierten, die eben auch die menschlichen Affekte umfasst.[114] Im Standardwerk von Stuart Russell und Peter Norvig zur Künstlichen Intelligenz wird insbesondere der Ansatz verfolgt, dass man KI als einen rationalen Agenten versteht, der «sich so verhält, dass er das beste Ergebnis erzielt, oder, falls es Unsicherheiten gibt, das beste erwartete Ergebnis.»[115]

Der Psychologe Howard Gardner (* 1943) entwirft in seinen Büchern *Frames of Mind. The Theory of Multiple Intelligences* (1983) und *Intelligence reframed. Multiple Intelligences for the 21st Century* (1999) eine Definition von Intelligenz, welche davon ausgeht, dass es verschiedene Ebenen bzw. Bereiche von Intelligenz bei jedem Menschen gibt, die sich unterscheiden lassen. Mit seiner Theorie der multiplen Intelligenz erweiterte er den eindimensionalen Intelligenz-Begriff, der lediglich kognitive Fähigkeiten beschreibt. Ausgangspunkt für Gardner war dabei die Beobachtung, dass in der psychologischen Forschung seiner Zeit die Künste gar keine Erwähnung und Berücksichtigung fanden.[116] Er möchte damit den Begriff der Intelligenz aus seiner Limitierung auf «academic problem-solving skills»[117] befreien und die Vielschichtigkeit menschlicher Fähigkeiten sichtbar, vergleichbar und messbar machen. Er unterscheidet dabei folgende Bereiche von Intelligenz: *Linguistic intelligence, Musical intelligence, Logical-mathematical intelligence, Spatial intelligence, Bodily-kinesthetic intelligence, Interpersonal intelligence, Intrapersonal intelligence, Naturalistic intelligence.*

Im Zuge der Weiterentwicklung der Theorie der Intelligenz von Gardner wurden weitere Differenzierungen vorgeschlagen. Antonio Battro (* 1936) schlägt im Jahr 2009 eine «digitale Intelligenz» zur Erweiterung der Liste vor. Er macht dies auf der Grundlage einer Analyse der digitalen Transformation, welche Auswirkungen auf Hunderte Millionen Menschen hat und die Entwicklung neuer Skills erfordert, welche auch eine Änderung der Ausbildungsparameter zur Folge haben muss.[118] Er geht dabei davon aus, dass sich das Gehirn im Zuge der Veränderung kultureller Anforderungen im Sinne eines evolutionären Prozesses anpassen und entsprechende neue Formen der Intelligenz entwickeln kann.[119] Es sind insbesondere zwei digitale Fähigkeiten, welche er entdeckt hat. Einerseits ist dies die *click option*, welche die digitale Entscheidungsintelligenz betreffend «Anklicken oder nicht» beinhaltet. Diese digitale Intelligenz im Sinne einer einfachen binären Option zwischen Klicken oder Nichtklicken erfordert vorbereitende neuronale Aktivität sowie danach eine Anschlussentscheidung bzw. eine Ausführung durch das Bewegen eines Fingers. Diese simple Operation kann bei Kleinkindern beobachtet werden, bevor diese Lesen und Schreiben gelernt haben, d. h., es gibt im menschlichen Gehirn eine evolutionär entwickelte neuronale Basis für die Option des Klickens.[120] Die andere Fähigkeit ist diejenige der *digital heuristics*, welche für das Suchen, Entdecken und Navigieren in Computersystemen benötigt wird.[121] Das Gehirn muss, damit es sich in der neuen Umgebung zurechtfinden kann, die bisherigen neuronalen Netzwerke an die neuen Erfordernisse anpassen und greift dafür insbesondere auf die räumliche Intelligenz zurück.

Die Aufschlüsselung der Intelligenz in mehrere Dimensionen von Intelligenz zeigt, dass es auch für das Verständnis von KI relevant ist, welches Verständnis menschlicher Intelligenz vorausgesetzt wird. Künstliche Intelligenz umfasst ein weites Feld von Definitionen, Anwendungsgebieten und Techniken, welche unter diesem Oberbegriff zusammengefasst werden. Dabei kann man durchaus die Schlussfolgerung ziehen, dass der

Begriff von KI nicht sehr hilfreich ist, weil er semantisch diffus ist. Als sehr hilfreich hingegen hat sich die Unterscheidung zwischen *schwacher KI* und *starker KI* erwiesen, die der amerikanische Philosoph John R. Searle (* 1932) im Jahr 1980 in seinem Aufsatz *Minds, Brains, and Computers* eingeführt hat. Er führt diese Unterscheidung ein, um das Konzept starker KI zu entkräften. Dabei geht es darum, die Limitationen von KI aufzuzeigen und das Verhältnis von Original (Gehirn) und Kopie (Computerprogramm) zu reflektieren. Das Begriffspaar «stark» und «schwach» wird kontrastierend eingesetzt; es soll die prinzipiellen Unterschiede hervorheben und dient auch dazu, die zu hohen Erwartungen an die neue Technologie auf eine sachliche Ebene zu bringen. Dabei steht viel auf dem Spiel: nicht nur die Frage einer Definition, sondern auch die weitreichende Zukunftsfrage, ob Maschinen überhaupt denken können und ob es gelingen kann, menschliche kognitive Zustände nachzubilden. Falls dies gelingen würde, wäre der Mensch seiner Einzigartigkeit beraubt. Technologie würde ihn dann nicht mehr nur nachahmen, ihn simulieren, sondern er könnte – mit all seinen menschlichen Fähigkeiten – auch verdoppelt werden.

Starke KI meint, dass es eine umfassende Nachbildung menschlicher Intelligenz in einem Computersystem gibt, und zwar in der Weise, dass es diesem gelingt, menschliches Verstehen nachzubilden. Dazu gehören weitreichende Fähigkeiten wie das Verstehen von Geschichten und Interpretationen.

> In der Sprache bringen wir zum Ausdruck, was wir meinen, durchdringen wir die erlebte Welt, verleihen wir ihr Sinn. Das Bedürfnis nach sprachlichem Ausdruck und Symbolisierung ist ein ursprüngliches Bedürfnis des Menschen, ein Bedürfnis, die Erfahrung zu transformieren, sie für uns selbst begreifbar und auslegbar zu machen.[122]

Zum Verstehen gehört auch die Nachbildung von anderen kognitiven Zuständen wie beispielsweise Bewusstsein. Computer mit starker KI sind keine Werkzeuge mehr, sondern selbst ein Geist (*mind*). Das heisst, der Computer simuliert nicht nur kognitive Zustände, sondern mit starker KI wäre der Computer auch ein Duplikat eines Menschen bzw. von dessen kognitiven Zuständen.[123] Mittlerweile haben sich auch andere Begrifflichkeiten für «starke KI» durchgesetzt, etwa «human-level», «full-blown» oder «general».

Schwache KI meint die Anwendung von Computersystemen, um bekannte Probleme in einem eingeschränkten Anwendungsfeld zu lösen. Auch schwache KI kann sehr machtvoll sein, aber sie funktioniert wie ein Werkzeug und versteht nicht, was sie tut.[124] Sie löst insbesondere althergebrachte Aufgaben der Wissensarbeit wie Fallbearbeitung durch die Anwendung von Rechenregeln. Damit gelingt es schwacher KI, bekannte Probleme lösen. Schwache KI vermag Muster in Daten zu erkennen und kann Schlussfolgerungen durch Statistik und Algorithmen daraus ableiten. Entscheidend ist es, einzusehen, dass aus einer Summe von schwachen KIs nicht eine starke KI resultiert. Es gibt also keinen graduellen Übergang von schwacher zu starker KI. Sämtliche aktuellen Anwendungsfelder von KI wie etwa Sprachassistenzen, Roboterrasenmäher, medizinische Diagnostik, Untertitel bei Youtube-Videos etc. sind dem Bereich der schwachen KI zuzuordnen.

Searle führt nicht nur die Unterscheidung zwischen schwacher und starker KI ein, sondern ist bestrebt, die Limitationen von KI auszuloten. Um diese Grenzen von KI aufzuzeigen, führt er ein Gedankenexperiment ein, dass zeigen soll, dass Computer nicht verstehen müssen, damit sie eine anspruchsvolle Aufgabe erledigen können. Sie sind nur Maschinen, aber keine intelligenten Wesen.

Die Ausgangslage des Gedankenexperiments vom chinesischen Zimmer ist ein Zimmer, in dem ein Mensch eingesperrt wird.[125] In diesem Zimmer befinden sich Schriften in chinesischer Sprache. Der Mensch kann kein Chinesisch, weder sprechen noch lesen. Er kann Chinesisch nicht einmal von anderen Schriftsystemen wie Japanisch unterscheiden.[126] Darüber hinaus verfügt der Mensch in dem Zimmer über eine in seiner Muttersprache (Englisch) geschriebene Anleitung, die es ihm erlaubt, auf Chinesisch gestellte Fragen wiederum auf Chinesisch zu beantworten. Stellen wir uns weiter vor, dass der Mensch im Zimmer von aussen durch einen Briefkasten eine Frage auf Chinesisch erhält, diese im Zimmer mittels der Anleitung beantwortet und wiederum die Antwort durch den Briefkasten zurückgibt. Von aussen betrachtet, entsteht der Eindruck, dass der Mensch im Zimmer Chinesisch versteht und die Fragen auch in dieser Sprache beantworten kann.

Die Quintessenz dieses Gedankenexperiments ist, dass sich der Mensch im Zimmer wie ein Computerprogramm verhält,[127] er also formale Operationen gemäss einem Regelwerk ausführt, um die Fragen in chinesischer Sprache zu beantworten, ohne diese aber zu verstehen. Aufgrund eines Inputs erzeugt der Mensch im Zimmer einen Output, der nicht von dem eines muttersprachlichen Chinesen zu unterscheiden ist. In Bezug auf das Resultat erbringt also der eingesperrte Mensch im Zimmer durch Abarbeiten eines Regelwerks die gleiche Qualität von Output wie ein muttersprachlicher Chinese. Der Unterschied dabei ist, dass der Mensch im Zimmer kein Chinesisch versteht, sondern formale Regeln wie ein Computerprogramm abarbeitet, womit er das Verstehen der chinesischen Sprache simuliert, über das er aber nicht verfügt. Selbst wenn man von unterschiedlichen Stufen von Verstehen ausgeht, handelt es sich in diesem Fall nicht um unvollständiges Verstehen, sondern um ein Nichtverstehen[128]. Entsprechend folgt für Searle daraus, dass ein Computer über keine kognitiven Zustände wie Denken und Bewusstsein wie ein Mensch verfügt, sondern diese nur simulieren bzw. imitieren, aber nicht duplizieren kann. In Weiterführung von Searles Überlegungen zur Widerlegung starker KI kann man folgern: Computerprogramme scheitern daran, erlebte Realität ersetzen zu können. Sie sind Produkte der Wissenschaftsdisziplin Informatik, einer hohen Ingenieurskunst, aber kein Surrogat für das Leben.

Der britische Computerpionier Alan Turing (1912–1954) ging davon aus, dass der Computer zukünftig einmal die menschliche Intelligenz übertreffen werde. Dafür führte er den Turing-Test ein, mittels dessen geprüft werden soll, ob ein Computer denken kann bzw. ob er intelligent ist. Er entwickelt diesen Test unter dem Begriff «Imitation-Game» im Jahr 1950 in seinem Aufsatz *Computing Machinery and Intelligence*[129]. Vermutlich hat er dabei auf Überlegungen von René Descartes zurückgegriffen, der in seiner Abhandlung *Discours de la Méthode* (1637) u. a. einen Sprachtest vorschlägt, um den Unterschied zwischen Mensch und Maschine festzustellen.

> Gäbe es hingegen solche, die Ähnlichkeit mit unserem Körper besässen und unsere Handlungen soweit nachahmten, wie es praktisch möglich wäre, hätten wir immer zwei sehr sichere Mittel, um zu erkennen, dass sie deswegen schon keinesfalls wahre Menschen sind. Das erste ist: Sie könnten niemals Worte oder andere Zeichen gebrauchen, indem sie sie zusammensetzen, wie wir es tun, um anderen unsere Gedanken kundzutun.[130]

Für Descartes kann man mittels eines Tests herausfinden, ob es sich um eine Maschine oder einen Menschen handelt. Beim *imitation game* von Turing handelt es sich auch um ein Testverfahren, bei dem ein Fragesteller (*interrogator*) jeweils einen Menschen und eine Maschine befragt. Die Maschine soll dabei solche Antworten auf die Fragen geben, dass es dem Fragesteller nicht gelingt, Mensch und Maschine richtig zu identifizieren.[131] Turing selbst vermutet, dass es in 50 Jahren (das wäre also im Jahr 2000) Computer geben wird, welche aufgrund ihrer Rechenleistung dem Fragesteller nicht mehr als eine 70 %ige Chance zur richtigen Identifikation von Mensch und Maschine geben werden.[132] Turing betritt mit seinen Überlegungen Neuland, auch nach über 70 Jahren liest sich seine Studie zur Frage *Can machines think?*[133] als eine eigenständige Mischung aus visionären Überlegungen und einer Auseinandersetzung mit den aktuellen Entwicklungen des beginnenden Computerzeitalters. Es ist keine unreflektierte Festlegung, die er vornimmt, sondern er entwickelt seine Position auch in kritischer Auseinandersetzung mit Gegenargumenten, so etwa mit theologischen Überlegungen, zeigt sich aber wenig beeindruckt von diesen Einwänden. Der theologische Einwand, auf den Turing reagiert, behauptet, dass Denken eine Funktion der unsterblichen Seele des Menschen ist. Diese Seele hat er nur Menschen gegeben, nicht Maschinen und nicht Tieren. Weil nur Menschen eine Seele haben, können nur diese denken. Seelenlose Maschinen können nicht denken.[134] Turing verwirft diese theologische Argumentation als reine Spekulation, aber interessant ist, dass er sich trotzdem um eine Widerlegung dieser in seinen Augen spekulativen Gedankengänge bemüht. Sich nicht mit der von ihm gestellten Frage auseinandersetzen zu wollen und den Kopf in den Sand zu stecken, das ist eine Position, die auf Glauben und Hoffen setzt und der er als Mathematiker nicht folgen kann. Stattdessen folgert er daraus, dass wir Menschen gern daran glauben, dass wir gegenüber anderen Schöpfungen (*creations*) überlegen sind. Insbesondere Intellektuelle, welche den Wert menschlichen Denkens hoch gewichten, sehen sich durch eine mögliche Übermacht von Maschinen bedroht.[135] Bahnbrechende Überlegungen des Mathematikers Alan Turing finden bereits 1936 mit der «Turing-Maschine» statt. Entgegen der ersten Vermutung handelt es sich dabei nicht um eine Bauanleitung für ein physisches Objekt, sondern um ein mathematisches Modell, welches eine abstrakte Maschine definiert.[136] Er legt diese Überlegungen in seinem Aufsatz *On computable numbers, with an application to the Entscheidungsproblem*[137] (1936) vor.

Die unterschiedlichen Definitionen und Ausgangslagen für die Entwicklung der Künstlichen Intelligenz drehen sich dabei immer wieder um die Frage, ob wir menschliches Bewusstsein durch Maschinen nachbilden können. Das ist konzeptionell eine ganz andere Frage als die nach der Intelligenz, die insbesondere Problemlösungsfähigkeiten umfasst. Bei der Nachbildung von menschlicher Intelligenz geht es also hauptsächlich um die Entwicklung von Maschinen, welche menschliche Problemlösungsfähigkeiten nachbilden. Die Geschichte der Künstlichen Intelligenz, die im folgenden Kapitel skizziert wird, ist gekennzeichnet durch die Suche nach Lösungen für menschliche Probleme. Ihr geht es nicht um die Simulation von Bewusstsein, sondern um Maschinen, die menschliche Probleme lösen sollen.[138] Die Intelligenz ist also auf ein Handeln und Entscheiden ausgerichtet. Die Frage nach dem Bewusstsein ist nicht primär auf die Lösung von Problemen ausgerichtet, sondern darauf, dass Bewusstsein *per se* ein Zustand des subjektiven Erfahrens, des Erlebens von Sinneseindrücken, des Seins ist.

Kurze Geschichte von KI

Maschinen faszinieren die Menschen bereits in der Antike. In den griechischen Tragödien von Euripides und Aischylos ist der *deus ex machina* die rettende Intervention von oben, die unlösbare menschliche Konflikte aufzulösen vermag. Die Menschen können die Probleme nicht von sich aus lösen, sondern bedürfen einer Maschine, die rettend in das Geschehen eingreift. Die Maschine ist Hilfsmittel der Götter, um in der irdischen Welt zu erscheinen und zu handeln. Diese Rolle als Scharnier zwischen Himmel und Erde hat die Maschine auch im homerischen Epos *Ilias*. Der griechische Gott Hephaistos ist dort der Ingenieur einer selbstfahrenden Maschine, welche ohne Antrieb funktioniert.

> Goldene Räder befestigt' er jeglichem unter den Boden;
> Dass sie von selbst annahten zur Schar der unsterblichen Götter,
> Dann zu ihrem Gemach heimkehreten, Wunder dem Anblick.[139]

Auch hier ist die Maschine ein Hilfsmittel für die Fortbewegung der Götter. Erschaffen nicht von den Menschen, sondern ein göttliches Wunderwerk des Transports. Im Buch Ezechiel des Alten Testamentes wird ebenfalls eine Maschine beschrieben, welche nicht von dieser irdischen Welt stammt und die irdischen Gesetzmässigkeiten zu überwinden vermag.

> Gingen die Lebewesen, dann liefen die Räder an ihrer Seite mit. Hoben sich die Lebewesen vom Boden, dann hoben sich auch die Räder. Sie liefen, wohin der Geist sie trieb. Die Räder hoben sich zugleich mit ihnen; denn der Geist der Lebewesen war in den Rädern.[140]

Maschinen versetzten die Welt der Menschen in Staunen, sie besitzen eine unerklärliche, göttliche Kraft, welche sich menschlicher Einflussnahme entzieht.

Im 17. Jahrhundert entstanden die ersten Maschinen-Menschen und Automatenfiguren, welche zur Demonstration technischer Virtuosität gebaut wurden. Insbesondere Jacques de Vaucanson (1709–1782) baute Trompetenmaschinen und Flötenspieler, die mittels einer komplexen Mechanik konstruiert wurden. Sie dienten der Unterhaltung im höfischen Kontext und sind nicht mehr wie in der Antike eingebettet in Erzählungen und Heldenreisen, insbesondere sind sie kein Bindeglied mehr zwischen göttlichem und irdischem Leben. Vaucanson stellte den Trompetenmusiker 1738 in einem Laden in Paris aus.[141]

> Sein Flötenspieler war eine lebensgrosse Figur von 1,70 Meter Höhe, die Flöte spielen konnte. Das eigentliche Wunder war die Flöte, denn eine mechanische Figur hätte sehr viel leichter Spinett spielen können, da der Automat dazu nur Tasten hätte anschlagen müssen.[142]

Vaucanson entwickelte auch eine mechanische Ente, welche grosse Begeisterung beim Publikum auslöste. Die Ente streckte den Hals in die Höhe, sie ass Körner aus der Hand, schluckte diese und schied diese wieder verdaut aus.[143] Die Automaten beeindruckten durch die technische Könnerschaft, mit der sie gebaut wurden. Dieses mechanische Können basierte auf dem Wissen des Uhrmacherhandwerks, das nicht grundsätzlich neu war, sondern in der komplexen Konstruktion einer Ente zur Anwendung gebracht wurde.[144] Die Reaktionen des Publikums waren damals schon ambivalent, eine Mischung aus Bewunderung und Angst. Man ist fasziniert von den Möglichkeiten moderner Technik und gleichzeitig irritiert, weil es nun möglich geworden war, biomorphe Maschinen nachzubilden.[145] Der Mensch wird damit zum ersten Mal Schöpfer künstlichen Lebens.

Jacques de Vaucanson ist nicht nur technisch virtuos, er ist zugleich als eine Figur des Übergangs zu einem neuen Zeitalter zu verstehen. Er wurde aufgrund seines Könnens auch als Konstrukteur von Webstühlen engagiert. Damit verlässt er den Bereich des Staunens, Spielens und der Unterhaltung und setzt sein Wissen und Können im Bereich der Arbeit ein. Es ist ein Dreh- und Angelpunkt in der Geschichte der Maschinen, denn ab jetzt lösen sie grössere Ängste aus, weil sie die Arbeitsplätze der Menschen und damit ihre ökonomische Grundlage bedrohen. Zugleich wird sichtbar, dass Maschinen menschliche Fähigkeiten übertreffen können, dass sie müheloser und präziser arbeiten können. Das ist auch als eine Kränkung des Menschen und seines Selbstverständnisses als Mittelpunkt der Welt zu verstehen.

Der Jacquard-Webstuhl wurde 1805 erfunden und zeichnete sich durch die Steuerung der Kette über ein Lochkartensystem aus. Auf der Grundlage des Jacquard-Webstuhles hat Charles Babbage (1791–1871) seine Rechenmaschine «Analytical Engine» (1837) entwickelt.[146] Ebenso hat Ada Lovelace 1843 auf dieser Grundlage erste Konzepte von Programmierung entworfen.[147] In seinen Ausführungen, basierend auf den Vorträgen von Charles Babbage, fasst Luigi F. Menebrae die Fähigkeiten der neuen Maschine wie folgt zusammen:

> It is necessarly thus; for the machine is not a thinking being, but simply an automaton which acts according to the laws imposed upon it.[148]

Besonders interessant sind die Schlussbemerkungen von Luigi F. Menebrae, in denen er danach fragt, was der Nutzen dieser Maschine sei. Er fasst dies wie folgt zusammen: 1. Rigide Genauigkeit, 2. Zeitökonomie, 3. Intelligenzökonomie.[149] Er erfasst hier schon sehr präzise, welche zukünftigen Veränderungen das Zeitalter der Maschinen und der Automatisierung bringen wird.

In Fritz Langs (1890–1976) Film *Metropolis* von 1927 tritt der erste Maschinen-Mensch, die Roboter-Frau Maria auf. Der Erfinder hat die Maschine nach dem Vorbild seiner Geliebten entworfen. Der Film *Metropolis* war sicherlich Inspirationsquelle für den Maschinen-Menschen Sabor, der vom Schweizer Ingenieur August Huber (1911–1970) im appenzellischen Teufen entwickelt wurde. Sabor wurde an der Schweizerischen Landesausstellung im Jahr 1939 der Öffentlichkeit vorgestellt.[150] Er hatte übermenschliche Dimensionen. Er war 2.25 Meter hoch und wog 200 Kilogramm. Zu seinen Fähigkeiten gehörten: 25 verschiedene Bewegungen, seine Ohren sind zwei Mikrophone, in den Beinen hat er acht Batterien, in seinem Körper befinden sich Leitungen von 2500 Meter Gesamtlänge.[151] Er kann sogar Feuer anzünden, wenn man es von ihm verlangt. Sabor ist aber kein intelligenter Roboter, er ist ein Automat, welcher von einem Menschen mittels Ultrakurzwellen ferngesteuert wird. Er simuliert also menschliche Fähigkeiten, ohne diese zu besitzen. Aber die Faszination, die von Sabor ausging, war exemplarisch für die Neugier, Angst und Bewunderung, welche Technologie auslösen kann. Sabor aus dem Appenzellischen Teufen in der Schweiz, Ergebnis der jahrelangen Arbeit der Erfinders August Huber, eroberte die Welt. Er wurde über ihn im «Spiegel» sowie im «Stern» und «Popular Sciences» berichtet. Seine Auftritte in Fernsehsendungen und in diversen europäischen Städten lösten viel Aufmerksamkeit aus. Er markierte dabei den Endpunkt einer Entwicklung, welche im 17. Jahrhundert begann. Es geht um die mechanische Nachbildung der Bewegungsabläufe eines Menschen, aber noch nicht um autonomes Handeln einer Maschine. Die Erfindung von Sabor ist auch die Geschichte des Einflusses des neuen Mediums Film. Die Imaginationskraft der Erfinderinnen und Erfinder wurde durch filmische Vorbilder angeregt, eine Geschichte, die sich danach auch weiterschreiben liesse. Gleichzeitig wurden in dieser Zeit auf der anderen Seite des Atlantiks grosse Fortschritte in der Entwicklung der Computer gemacht. ENIAC sorgte für Euphorie und brach Rekorde.[152]

Wenige Jahre später wurden auf der Basis der Arbeiten von Alan Turing in den USA die Grundlagen für das Forschungsgebiet der Künstlichen Intelligenz ausgearbeitet. Ging es bisher um die zumeist mechanische Nachbildung menschlicher oder tierischer Körper oder um die Konstruktion mechanischer Maschinen-Menschen, so traten jetzt neue Fragen und Herausforderungen in der Forschung auf. Ist es möglich, das menschliche Denken mittels Computersystemen nachzubilden? Und welche Fähigkeiten sind nötig, damit sich ein Roboter in der realen Aussenwelt bewegen kann? Inwiefern kann man mittels menschlicher Sprache mit einer Maschine interagieren? Welche Problemlösungsfähigkeiten braucht der Mensch, um Alltagsprobleme zu lösen, und wie lassen sich diese in Computerprogramme übersetzen, welche die Soft- und Hardware steuern? Mit viel Pioniergeist, Kreativität und dem Willen, die Welt zu verändern, entstanden so die Grundlagen der heutigen KI-Systeme. Die wichtigsten Etappen der Robotik und der Software-Entwicklung sollen hier chronologisch dargelegt werden.

Nach der Forschungskonferenz von 1956 in Dartmouth setzte eine grosse Euphorie in die Entwicklung von KI ein.[153] John McCarthy (1927–2011) entwickelt am Massachusetts Institute of Technology (MIT) im Jahr 1958 die Programmiersprache LISP und im Stanford Research Institute arbeitet ein Forscherteam von 1966 bis 1972 am ersten mobilen, auf KI-Technologie basierenden Roboter *Shakey.*[154] Das war ein grosser Meilenstein in der Geschichte von KI, denn *Shakey* konnte sich in der realen Welt bewegen; dafür musste er die Umgebung wahrnehmen und allein Aufgaben in dieser Welt erledigen. Mit der Umwelt war er mittels Kameras verbunden, und er musste Abstände messen können, um sich bewegen zu können.[155] Die Limitationen von *Shakey* waren allerdings auch offensichtlich: Die damaligen Computer waren riesig und die Rechenleistung war bescheiden; *Shakey* brauchte bis zu 15 Minuten, um einen Einzelschritt auszurechnen, bevor er mit der Ausführung beginnen konnte.[156] Und er war mittels Funk mit dem Rechner verbunden, weil dieser viel zu gross war, um ihn bewegen zu können.

Das Programm *SHRDLU* aus dem Jahr 1968 war der erste Versuch, mittels Spracheingabe einer Software Befehle zu geben, welche diese dann ausführte. Im Gegensatz zu *Shakey* ist *SHRDLU* eine simulierte Software-Umgebung, bestehend aus farbigen Blöcken und Pyramiden. Die Anzahl möglicher Handlungen ist eingeschränkt, erlaubt es aber, die Teile durch Anweisungen aufzuheben, zu verschieben etc. Zur Umsetzung der Anweisung muss das Programm die richtigen Schritte ausführen, damit die angestrebte Anordnung der Blöcke erreicht werden kann.[157]

Joseph Weizenbaum (1923–2008) entwickelte von 1964 bis 1966 den ersten Chatbot ELIZA, der ein psychotherapeutisches Gespräch simulierte.[158] Es ist ein frühes KI-Experiment, in dem die Interaktion Mensch-Maschine experimentell ausgelotet wird. ELIZA beginnt das Gespräch mit «Hello, I am Eliza. I'll be your therapist today.» Der Chatbot spricht also den Menschen direkt an und bietet ihm seine Unterstützung an; der Mensch an der Tastatur antwortete, indem er die Spracheingaben auf der Tastatur macht und so die Kommunikation beginnt. Dabei ging es Weizenbaum weniger darum, ein Programm zu entwickeln, das den Turing-Test besteht, sondern mehr darum, zu zeigen, dass es eine Illusion ist, dass Maschinen mit Menschen vergleichbar sind. Weizenbaum wollte also die Illusion entlarven, liess aber erahnen, welche ungeheure Leistungskraft die künstliche Intelligenz in Zukunft besitzen würde. Es ist ein Kennzeichen der Geschichte von KI, dass Entwicklungsschritte eine grosse Euphorie, die technischen Möglichkeiten betreffend, auslösten; und nicht nur eine Euphorie, sondern auch eine Überschätzung der Möglichkeiten von Maschinen. Weizenbaum wurde in der Folge einer der grössten Kritiker von KI, der selbst massgeblich an der Entwicklung der technischen Grundlagen von KI mitgearbeitet hatte.[159]

MYCIN wurde im Jahr 1970 an der Stanford University entwickelt und war das erste medizinische KI-Expertensystem, das im Gesundheitsbereich eingesetzt wurde. Es war eine Hilfestellung für Ärztinnen und Ärzte bei der Entscheidung, welche Antibiotika-Therapie am besten zur Behandlung von bakteriellen Infekten geeignet ist.[160]

Das Ende der KI-Euphorie setzte mit der Veröffentlichung des Lighthill-Reports im Jahr 1972 ein. Dieser wurde von James Lighthill (1924–1998) für den Britisch Science Research Council erstellt und sollte den Stand der Forschung im Bereich der Künstlichen Intelligenz bewerten. Insbesondere hob der Bericht hervor, dass die Versprechungen der Forschung in den meisten Bereichen nicht eingehalten werden konnten und auch in den nächsten 25 Jahren nicht erreicht werden können.[161] In den Jahren von 1973 bis 1980 setzte ein «Winterschlaf» der KI-Forschung ein; es hatte sich gezeigt, dass zwar viele Fortschritte erzielt, die Erwartungen aber nicht erfüllt werden konnten.[162]

Das CYC-System aus dem Jahr 1984 war revolutionär, denn es strebte die Überwindung bisheriger Limitationen von Expertensystemen an, indem es das Allgemeinwissen und den gesunden Menschenverstand in einem Programm verbinden wollte.[163] Es reagierte damit auf eine Aussage von John McCarthy, dass zukünftige KI-Systeme über Fähigkeiten des gesunden Menschenverstandes verfügen müssen, um auf neue Problemsituationen reagieren zu können.[164] Um das CYC-System zu programmieren, ist die Auseinandersetzung mit grundlegenden Fragen menschlichen Lernens nötig. Wie lernen Menschen und wie verstehen sie neue Informationen? Grundlage des CYC-Systems ist die Einsicht, dass wir aufgrund von Analogien mit bestehendem Wissen lernen. Was nicht ähnlich ist, wird dabei als eine Ausnahme behandelt, welche entsprechend zu kennzeichnen ist. Grundlage der Erweiterung ist ein initialer Wissensspeicher, der kontinuierlich erweitert werden kann, denn für die Erfinder von CYC gilt die Grundannahme, dass wir besser lernen können, wenn wir schon viel wissen.[165] Es führt daher kein Weg daran vorbei, möglichst viel initiales Wissen in einem digitalen Wissensspeicher abzulegen. Das ist ein manueller Prozess, welcher in einem ersten Schritt auf Grundlage von 400 enzyklopädischen Einträgen in Angriff genommen wird. CYC hatte einen enormen Anspruch: Es sollte das Wissen der Welt erfassen und damit die Grundlage für die stetige Erweiterung dieses Wissens legen.

Das Nouvelle-AI wurde im MIT-Labor von Rodney Brooks (* 1954) in den 80er-Jahren entwickelt. Im Fokus stand dabei die Entwicklung eines Systems, um mobile Roboter zu steuern. Die Zielsetzung bestand darin, Roboter zu bauen, welche sich in von Menschen bewohnten Räumen, jedoch ohne menschliche Intervention, bewegen können.[166] Entscheidend für den Erfolg dieser Zielsetzung war die Erstellung einer dreidimensionalen Karte, welche Grundlage für die Bewegung des Roboters ist. Im Gegensatz zu *Shakey*, der sich in einer künstlichen Welt geometrischer Formen orientieren musste, soll die neue Technologie die Orientierung und Bewegung in natürlichen Umgebungen ermöglichen.

> Die hohe Stufe des Verhaltens, das wir dieser Kreatur beibringen wollen, besteht darin, durch die Büroräume unseres Labors zu wandern, offene Bürotüren zu finden, sie zu betreten, leere Getränkedosen von überfüllten Schreibtischen in überfüllten Büros zu holen und sie zu einem zentralen Aufbewahrungsort zurückzubringen.[167]

Brooks war bei der Konstruktion seiner Roboter von Insekten inspiriert, deren Verhalten er nachbilden wollte. Dahinter steckt auch die Überzeugung, dass Intelligenz einen Körper braucht.[168] Die Informationen für die Steuerung erhielten die Roboter von der Aussenwelt, in der sie sich bewegten, und nicht aufgrund eines symbolischen Repräsentationssystems einer inneren Welt.

Am 10. Februar 1996 verlor der Schachweltmeister Gari Kasparow (* 1963) zum ersten Mal gegen den IBM-Computer Deep Blue. Die Schlagzeilen gingen um die Welt: Eine Maschine besiegt den Menschen im Schachspiel. Kasparow konnte das nicht glauben; er verdächtigte gar das Team von Deep Blue, dass es dem Computer menschliche Nachhilfe gegeben habe und das System manipuliert sei.[169] Der geniale Schachspieler konnte den Wettkampf gegen die immense Rechenleistung von Deep Blue nicht mehr gewinnen. Damit war ein Wendepunkt in der Geschichte von KI erreicht. Die Maschine hat den Menschen in einem Bereich bezwungen, in dem er bisher unbesiegbar schien. Dieser Moment wird immer wieder als Meilenstein in der Geschichte von KI beschrieben, als ein Dreh- und Angelpunkt.[170] Aber es ist auch die Geschichte eines Missverständnisses: gewonnen hat nicht eine intelligente Maschine, sondern die reine Rechenleistung von Deep Blue.

> Die öffentliche Meinung um das Spektakel um Deep Blue drehte sich vorrangig um die Frage der Überlegenheit von Maschinen über Menschen. Der Schachcomputer weckte die klassischen Ängste vor der Dominanz der Maschine, vor menschlicher Ohnmacht sowie vor der Entthronung des Menschen als einzigem denkenden Wesen.[171]

Der Sieg war symbolisch und hat die Menschen wohl in ihrem Selbstverständnis gekränkt, dass sie in gewissen Gebieten nicht zu schlagen sind.[172] Der Sieg war der Erfolg von *narrow artificial intelligence*[173]; es geht also um die Überlegenheit der Maschine in einem geschlossenen Teilbereich, in dem es ein präzise definiertes Set von Spielregeln gibt, die unveränderlich während des ganzen Spiels gelten. Es braucht entsprechend wenig Flexibilität des Systems und insbesondere handelt es sich nicht um den Einsatz von Wissen, das in einer realen Umgebung anwendbar sein muss, sondern in einem geschlossenen System seine Leistungsfähigkeit unter Beweis stellt. Es handelt sich also nicht um ein intelligentes System, sondern um «raw speed»[174], eine Rechengeschwindigkeit, die es erlaubte, dass Deep Blue ca. 14.5 Züge im Voraus berechnen konnte. Bobby Fischer konnte das kaum glauben, er sah im Sieg von Deep Blue eine ausserirdische Intelligenz am Werk.[175]

Der Roboter-Staubsauger Roomba wurde auf Grundlage der Forschungsresultate aus dem Nouvelle-AI-Projekt am MIT von der Firma iRobot entwickelt und ab 2002 für einen Einstiegspreis von 199 Dollar verkauft. Es war von Anfang an eine kommerzielle Erfolgsgeschichte: In den ersten vier Jahren wurde Roomba über 1.2 Millionen Mal verkauft.[176] Bei der Entwicklung des Staubsaugers waren für die Entwickler folgende fünf Prinzipien wegweisend: 1. Die Anwendung steht an erster Stelle, 2. Kosten sind entscheidend, 3. Schwachstellen können nur durch Testverfahren in realen Umgebungen entdeckt werden, 4. «normalerweise» ist unzuverlässig, 5. Komplexität ist tödlich.[177] Die bisherigen Roboter in Forschungslaboren verfügten über eindrückliche Fähigkeiten, aber bei Roomba stand ein klarer Nutzen in der Anwendung im Vordergrund: «Roomba putzt Böden». Der Roboter-Staubsauger musste nicht zuerst programmiert und aufwendig installiert werden, sondern war vom ersten Moment an im Haushalt einsatzfähig. Er ist preisgünstig und überall auf der Welt im Einsatz. Aus einer anfänglichen Innovation ist ein Alltagsroboter geworden, der stetig weiterentwickelt wurde. Aber nicht nur die Fortschritte im Bereich der Haushaltsroboter, sondern auch in anderen Anwendungsbereichen sind beeindruckend. *Big Robot*, ein vierbeiniger Roboter, wurde im Jahr 2004 von der US-Firma Boston Dynamics entwickelt. Google experimentiert seit 2009 mit autonom fahrenden Autos und die Sprachassistenz Siri begleitet seit 2011 jeden Menschen, der mit ihr kommunizieren und Hilfestellungen im Alltag erhalten möchte.

In den letzten zehn Jahren wurden gewaltige Fortschritte bei der Implementierung von KI-Systemen in den Alltag gemacht. KI findet überall Anwendung: in der medizinischen Diagnostik, bei der Spracherkennung und insbesondere auch bei der Gesichtserkennung. Der Kern aller KI-Systeme ist *machine learning* (ML). Wie bei der Bezeichnung *Künstliche Intelligenz* wird hier der menschliche Begriff des Lernens als Bezeichnung verwendet, was suggeriert, dass *machine learning* mit menschlichem Lernen vergleichbar sei und damit eine Funktion des menschlichen Gehirns simuliert werde. Ist aber maschinelles Lernen mit menschlichem Lernen vergleichbar? Können Maschinen wie Menschen bzw. Gehirne lernen? Grundlage von maschinellem Lernen sind grosse Datenmengen, in welchen mittels statistischen Prozessen und mittels *trial and error* Muster (*patterns*) oder Regeln erkannt werden. Diese Daten müssen für die Verwendung vorbereitet und strukturiert werden. Auf Grundlage dieser Daten können ML-Algorithmen ähnliche oder gleiche Aufgaben wie Menschen erledigen und sogar die menschliche Leistungsfähigkeit übertreffen. Aber für die Erledigung dieser Aufgaben braucht *machine learning* kein Bewusstsein und kein Gehirn, sondern beruht auf Statistik und Mathematik. Die Daten sind sozusagen die – lebensweltlich gesprochen – «Erfahrungen» des Algorithmus, die er nutzt, um darin Zusammenhänge und Muster zu erkennen.[178] *Deep Learning* (DL) ist ein Teilbereich des *machine learning* und verweist auf eine Architektur eines künstlichen neuronalen Netzwerks (*artificial neural network, ANN*), das aus mehreren *layers* und deren Verbindungen besteht.[179] Die Funktionsweise von DL ist inspiriert durch neuronale Netzwerke des menschlichen Gehirns. Kennzeichen von DL sind, neben dem ANN, die höheren Anforderungen an die Daten und weniger menschliche Intervention. Das heisst, insgesamt handelt es sich um Algorithmen, welche autonom von menschlichem Einfluss zu Resultaten und Entscheidungen gelangen können. Deep Learning eröffnete viele neue Möglichkeiten bei der Anwendung von KI im Alltag und ist wohl eine der einflussreichsten Technologien seit der Entwicklung des World Wide Web. Deep Learning kommt immer dann zur Anwendung, wenn es darum geht, ein Problem mit grossen Datenmengen zu lösen.[180] Aber auch Deep Learning führt nicht zu menschlicher Intelligenz und Urteilskraft. Diese setzen die Verbindung zur Welt und die Integration in einen Körper voraus, der Welt subjektiv erleben und fühlen kann.

Göttliche Maschinen

ca. 7. Jh. vor Christus: Homer, Ilias
ca. 6. Jh. vor Christus: Ezechiel, Altes Testament

Automaten und mechanische Vorläufer (1738–1939)

1738 mechanischer Flötenspieler und mechanische Ente
1745 erster vollautomatischer Webstuhl
1769 mechanischer Schachspieler «Schachtürke»
1805 Jacquard-Webstuhl mit Lochkarten
1837 «Analytical Engine», mechanische Rechenmaschine von Charles Babbage
1843 Ada Lovelace (Programm zu Berechnung von Bernoulli-Zahlen)

1927 Film «Metropolis» von Fritz Lang mit einem Maschinen-Menschen

1939 Maschinen-Mensch Sabor an der Schweizerischen Landesausstellung

Aufstieg (1936–1956)

1936 Turing-Maschine

1942 Asimovs Roboter-Gesetze

1945 ENIAC, Computer

1950 Imitation-Game «Turing-Test»

Euphorie (1956–1972)

1956 Dartmouth Summer School

1957 Perzeptron-Modell (Grundlage für neuronale Netze)

1958 Programmiersprache LISP

1966 Shakey the Robot

1966 ELIZA, Chatbot

1968 SHRDLU

1969 Backpropogation

1972 Expertensystem Mycin

1972 Prolog

Winterschlaf (1972–1984)

1972 Lighthill Report (UK)

1980 Chinese Room

Neue Anfänge (1984–2002)

1984 CYC

1985 Nouvelle AI

1987 HOMER

1997 Deep Blue

Durchbruch (ab 2000)
2002 Roomba
2005 Big Dog
2009 Google: autonom fahrendes Auto
2011 Google: Siri
2011 IBM Watson/Jeopardy
2016 Deep Mind/Alpha Go

Gegenwart
2020 GPT-3
2021 DALL-E

KI und Kreativität

Es ist ein eindrückliches und faszinierendes Spektakel, welches sich einmal im Studienjahr im Foyer der Kunst- und Designhochschule in Luzern abspielt. Studierende des Bachelor-Studiengangs in Digital Ideation bauen innerhalb von drei Wochen eine Rube-Goldberg-Maschine. Diese Maschine hat keinen praktischen Nutzen, sondern soll durch ungewöhnliche Kombinationen von Einzelteilen wie Ping-Pong-Bällen, Tischen, Aluminiumfolie, Stahlkugeln, elektrischen Eisenbahnen, Figuren, Kerzen etc. seltsame, unerwartete Kettenreaktionen auslösen, und am Schluss eine ganz einfache Aktion, wie etwa ein Champagnerglas einschenken, ausführen. Die Objekte, aus denen die Maschine zusammengesetzt ist, stammen einerseits aus dem Alltag, andererseits sind es Sensoren und digitale Bauteile, welche in der grossen Maschine verbaut werden. Die vielen kreativen, abenteuerlichen und fantastischen Zwischenschritte sind es, die Vergnügen machen und vom grossen Ideenreichtum der Studierenden zeugen, denn die Herausforderung ist gross: Die vielen Einzelteile sollen so zusammengefügt werden, dass eine

Kettenreaktion in Gang gesetzt wird, die alle Einzelteile der Maschine miteinander verbindet. Die komplexe Maschine ist also gar nicht notwendig, um das einfache Ziel zu erreichen. Man muss die Maschine jenseits der Zweck-Mittel-Relation denken, damit man sie versteht. Das groteske Moment der Maschine besteht darin, dass sie Alltagsgegenstände ihrem eigentlichen Nutzen entfremdet und sie in neue Zusammenhänge stellt, die sinnlos und seltsam sind. In der Bildenden Kunst haben Peter Fischli (* 1952) und David Weiss (* 1946) die Idee der Rube-Goldberg-Maschine aufgenommen und mit der Arbeit *Der Lauf der Dinge* (1987) künstlerisch-experimentell fortgeführt. Die Maschinen von Jean Tinguely (1925–1991) zeigen die Absurdität sinnloser Bewegung von Maschinen. Sie entstanden auf der Grundlage des Wegwerfmaterials von Schrottplätzen. Die Gegenstände wurden rekombiniert, sodass poetische Bilder und Abläufe entstanden: Die Maschine als Sinnbild von Absurdität und Schönheit, aber auch von Zerstörung und Sinnlosigkeit.

Viele Menschen sind der Überzeugung, dass es Maschinen nie gelingen wird, menschliche Kreativität wie diese zu imitieren. Im Zeitalter der Künstlichen Intelligenz muss man die Frage von Alan Turing reformulieren: «can a machine design?». Also: Kann eine Maschine kreativ sein, malen, eine Geschichte schreiben, eine Rube-Goldberg-Maschine konstruieren?

Damit wir der Beantwortung dieser Frage näherkommen, müssen wir zuvor den Begriff der Kreativität erklären, der einen komplexen und weitreichenden Sinn- und Bedeutungsgehalt hat. Kreativität meint in ihrem semantischen Kerngehalt die Entstehung von Neuem jenseits vorgegebener Wege des Denkens. Sie ist nicht begrenzt auf den Bereich von Kunst, sondern meint auch das Schöpferische in Wissenschaft, Kultur, Gesellschaft, Spiel und Alltag.[181] Kreativität braucht auslösende Momente, um Neues entstehen zu lassen. Dieser Moment ist sprachlich schwer zu fassen; er passiert im dialektischen Wechselspiel von Suchen und Finden, von Bewegung und Ankommen. Es ist der Funke des Einfalls, der sich beispielsweise durch obsessive Vertiefung in Arbeit und Denken entzünden kann oder dann entsteht, wenn man diese liegen lässt und sich davon entfernt. Der Fotokünstler Thomas Demand (* 1964) hat dies in einem Gespräch über Suchen und Finden sowie künstlerische Imaginationsprozesse so beschrieben:

> Ich lasse mich durch ein Gefühl leiten und habe dadurch eine sehr zielgerichtete Suchmaske ausgeworfen. Das ist oft relativ problematisch, denn es kommt meistens nichts Überraschendes dabei heraus. Es ist eher so, dass man Ideen auf einem mentalen Schreibtisch liegen hat, und dann merkt man rein zufällig und erst aus völlig anderem Zusammenhängen heraus, was auf dem Stapel liegt.[182]

Es ist der Einfall, der entsteht und der eine neue Lösung, einen neuen Zugang zu Vorgegebenem ermöglicht. Diese Momente des Einfalls, der Fantasie kennzeichnen die menschliche Kreativität und das Menschsein. Entlang der hilfreichen Unterscheidung von Margret A. Boden (* 1936) können wir drei Formen von Kreativität unterscheiden:[183] Einer der Hauptunterschiede besteht im Grad der Vorhersehbarkeit des Neuen.

Rekombinierende Kreativität: Bei diesem Typus von Kreativität werden bekannte Ideen auf neuartige Weise miteinander verbunden. So sind etwa die populären Schlagerlieder von Helene Fischer (* 1984) oder die Popballaden von Dieter Bohlen (* 1954) eine neue Kombination bereits bekannter Einzelteile. In den bildenden Künsten mag man etwa an Collagen wie den Bilderatlas von Aby Warburg (1866–1929) denken. Es ist eine Rekombination von bestehenden Elementen zu etwas Neuem. An den Beispielen kann man ablesen, dass es innerhalb dieses Typus von Kreativität auch eine Skala gibt, welche von berechenbarer Rekombination bis zu innovativer Rekombination reicht.

Erforschende Kreativität: Bei diesem Typus von Kreativität werden die Grenzen eines künstlerischen Stils unvoreingenommen ausgelotet und erforscht. Neues entsteht aber immer noch auf Grundlage der bereits entwickelten künstlerischen Leistungen. Es ist kein radikaler Bruch mit dem Bestehenden, sondern eine Erweiterung und Weiterführung. Als Beispiel aus der bildenden Kunst kann man die Weiterführung des Impressionismus im Pointillismus anführen. Es findet eine Zuspitzung und Radikalisierung statt, die aber noch im bestehenden Denk- und Weltbild stattfindet.

Transformationale Kreativität: Dieser Typus von Kreativität bricht mit den vorgegangenen Regeln. Er entsteht dann, wenn die Limitationen der alten Regeln gesprengt werden und Neuland betreten wird. Als Beispiel kann man die künstlerische und literarische Bewegung des Dadaismus nennen, die radikal mit dem bisherigen Verständnis von Kunst bricht, indem sie die bürgerlichen Konventionen ablehnt und auf den Kopf stellt. Ebenso kann man die Fluxus-Bewegung dazurechnen oder auch die Punk-Bewegung, die sich durch die Ablehnung bürgerlicher Ideale und die Auflehnung gegen gesellschaftliche Konventionen auszeichnet. Transformationale Kunst ist immer Kunst von Pionieren, die sich gern an den flimmernden Rändern aufhalten und diese auch verlassen wollen. Kreativität ist nicht beschränkt auf bildende Kunst und Musik, sie ist insbesondere auch in der Mathematik gefordert.[184]

Künstliche Intelligenz wird mittlerweile auch im Bereich der Kunst und Kreativität eingesetzt. Die Musiksoftware AIVA erstellt auf Grundlage einer umfangreichen Datenbank von Partituren neue Musikstücke, die sich kaum von Eigenkompositionen von Menschen unterscheiden lassen. Die Musikstücke von AIVA werden dabei für Werbespots und Games verwendet.[185] Komponieren bedeutet in diesem Fall, dass die KI-Software tausende von Partituren analysiert und auf dieser Datengrundlage prognostizieren kann, welche Notenabfolge für ein Musikstück verwendet werden kann. Der Akt der Kreativität besteht also darin, dass die Maschine etwas Neues erschafft, indem sie bereits bestehende Partituren von erfolgreichen Komponisten auswertet und diese Auswertung als Grundlage für die Erschaffung von neuen Melodien verwendet. Gemäss der obigen Unterscheidung wäre diese Form der KI-Kreativität als rekombinierende Kreativität einzuordnen. Es entsteht etwas Neues auf Grundlage von bestehenden Daten.[186] Kreativität in diesem Sinne ist Mathematik und Berechnung, sie beruht auf Analyse und Auswertung. Entsprechend kann man hier ableiten, dass die Kreativität von KI abhängig ist von der Datengrundlage, auf der die KI Neues schafft. Es ist eine Kreativität, die zwar Neues schafft, aber in einem vorgegebenen Rahmen, der durch die Qualität und Menge der Daten definiert und auch beschränkt wird.

Wir können uns zudem die Frage stellen, ob KI auch transformationale Kreativität nachbilden kann, also etwas Neues schafft, das aufgrund einer Verschiebung und Neubewertung des Bestehenden und Vergangenen resultiert. Algorithmen lernen immer auf der Grundlage von Daten. Stellen wir uns folgendes Beispiel aus dem Graphic Design vor. Wir gehen davon aus, dass wir über die Daten aller Poster verfügen, welche in den letzten 100 Jahren erfolgreich waren und auch die entsprechenden Auszeichnungen und Preise gewonnen haben. Wäre es nun für einen KI-Algorithmus möglich, aufgrund der Daten dieser Poster ein neues zu entwerfen, das nicht nur Altes rekombiniert, sondern auch etwas völlig Neues schafft? Die Frage ist herausfordernd und nicht einfach zu beantworten. Erstens ist es so, dass die Bewertung, ob eine neue Arbeit gelungen ist und als transformatorisch kreativ zu bezeichnen wäre, auf der

Grundlage eines subjektiven Urteils von einem oder von mehreren Menschen gefällt wird. Zweitens ist die Bewertung der kreativen Qualität einer gestalterischen Arbeit auch abhängig von aktuellen Trends und von positiv bewerteten historischen Bezügen. Sie ist also immer im Geiste ihrer Zeit zu verstehen, weil sie einen selbstgenerierten Referenz- und Handlungsraum darstellt.[187] Die subjektive Natur des ästhetischen Urteils ist drittens wiederum abhängig von den Diskurszusammenhängen, in welchen die ästhetische Urteilsbildung vorgenommen wird. Die Schwierigkeit der Messbarkeit und Nachvollziehbarkeit von subjektiven Urteilen wird hier sehr deutlich.

Eine andere Form der Bewertung von Bildern erfolgt nicht auf Grundlage von subjektiven Urteilen von Expertinnen und Experten, sondern aufgrund von Daten und entsprechender Analyse von Konsumverhalten. Bereits jetzt sind digitale Tools im Einsatz, welche auf der Basis von Konsumentenforschung entsprechende Entscheidungen treffen, damit der Konsument bzw. die Konsumentin sich dafür entscheidet. Es ist eine subtile Beeinflussung von Nutzungsverhalten auf dem Boden von empirisch erhobenen Daten.[188] Hier geht es dann nicht um die Beurteilung der kreativen Leistung eines Bildes, sondern um eine möglichst grosse Beeinflussung des Entscheidungsverhaltens einer Konsumentin oder eines Konsumenten. Netflix beispielsweise hat analysiert, wie lange es dauert, bis eine Entscheidung getroffen wird und welchen Einfluss die Bilder bei der Entscheidung für einen Film haben:

> Anfang 2014 haben wir einige Verbraucherstudien durchgeführt, aus denen hervorging, dass Kunstwerke nicht nur den größten Einfluss auf die Entscheidung der Mitglieder haben, sich Inhalte anzusehen, sondern dass sie auch über 82 % ihrer Aufmerksamkeit beim Surfen auf Netflix ausmachen. Wir konnten auch feststellen, dass die Nutzer durchschnittlich 1,8 Sekunden mit jedem

> Titel verbringen, der ihnen auf Netflix präsentiert wird. Wir waren überrascht, wie viel Einfluss ein Bild darauf hat, dass ein Mitglied großartige Inhalte findet, und wie wenig Zeit wir hatten, um ihr Interesse zu wecken.[189]

Auf Grundlage dieser Analysen hat Netflix auch Daten erhoben, um statistisch relevante regionale und kulturelle Unterschiede bei der Bewertung von Bildern auszuwerten und diese wiederum bei der Gestaltung des Auswahlbildes für einen Film zu berücksichtigen. Abhängig vom kulturellen Kontext und vom Nutzerverhalten wird ein anderes Bild für den jeweils gleichen Film angezeigt. Die Absicht hierbei ist, mittels grafischer Gestaltung (Typografie, Bildauswahl) den suchenden Konsumenten zu einer bestimmten Auswahl anzustossen. Es ist ein empirischer Beleg für die Macht und die Geschwindigkeit der Bilder im Vergleich zur Sprache.

Um auf die Frage der Kreativität zurückzukommen: Man sieht an den Beispielen, dass es durchaus Anwendungsgebiete von KI-Algorithmen bei der Gestaltung von Bildern gibt. Dabei sind es derzeit eher Hilfsinstrumente in bestimmten Anwendungsgebieten. Auch die Software DALL-E gehört dazu, die im Jahr 2021 veröffentlicht wurde. Auf Grundlage von sprachlichem Input generiert DALL-E Bilder von realistischen Objekten. Sie transformiert also menschliche Sprache in Bilder. Die Software nutzt dabei die Fähigkeiten der Spracherkennungssoftware GPT-3. Bei der Eingabe «food of china» entstehen neue Bilder von chinesischem Essen, bei der Eingabe «an elephant made of cucumber» erzeugt DALL-E Bilder von Elefanten, die aus Gurkenscheiben und Gurkenteilen zusammengesetzt sind. Aber DALL-E zeigt auch beeindruckende Neuschöpfungen, welche jeden Objektdesigner in der Entwurfsphase unterstützen können. Bei der Eingabe «an armchair in the shape of an avocado» entstehen unzählige Variationen von

Sesseln, welche die Form von Avocados aufnehmen. Brauchen wir dann noch den Menschen für die Ideenfindung oder können wir das an Maschinen delegieren? Und ändert sich dadurch die Aufgabe des Designers? Braucht es seine Kreativität dann an anderer Stelle? Bei der Auswahl des richtigen Vorschlags, bei der Umsetzung, beim Marketing?

Das Feld der Kreativität zählt zu den Fähigkeiten des Menschen, die am schwierigsten zu simulieren sind, so hatte es Margret Boden (* 1936) im Jahr 2016 eingeschätzt.[190] Hans Moravec hat dafür das anschauliche Bild einer Landschaft gewählt, die kontinuierlich von Wasser geflutet wird. Die niedrigen Berge stehen bereits unter Wasser. Diese überfluteten Berge symbolisieren Fähigkeiten, bei denen die Maschine bereits den Menschen übertroffen hat. Er zählt dazu beispielsweise Schach und Arithmetik. In anderen Bereichen wie denen der sozialen Interaktion, der Hand-Auge-Koordination ist uns die Maschine noch nicht überlegen. Aufgrund der Entwicklung der Rechenleistung von Computern geht Moravec aber davon aus, dass es nur eine Frage der Zeit ist, bis der Mensch in allen seinen Fähigkeiten von Maschinen überflutet wird.[191] Das wird auch die Kreativität miteinschliessen, die Moravec nicht explizit erwähnt, die aber von Max Tegmark (* 1967) als «Art», «Book writing» und «Cinematography» in die Illustration der Moravec'schen Flut-Metapher aufgenommen wird.[192]

Kreativität wird als eine Fähigkeit des Menschen beschrieben, die ihn von allen anderen Lebewesen unterscheidet. Es ist eine Fähigkeit, die in Alltag und Beruf zur Problemlösung eingesetzt wird und auch künstlerisches Schaffen auszeichnet, das sich durch neue, unerwartete Einfälle und neue Wege der Gestaltung von Materialien und Oberflächen, Bildern und Objekten manifestiert. Kreativität ist eine schöpferische Kraft, die oft mythisch überhöht wird. Sie ist in diesem Verständnis dem rationalen Verstehen nicht zugänglich und ist durch eine unsichtbare Quelle gekennzeichnet, die Neues erzeugt. Aus dieser Perspektive sind die Ausführungen von Hans Moravec, dass Maschinen die Menschen in allen Fähigkeiten übertreffen werden, fast als blasphemisch zu bezeichnen, denn sie rütteln an dem Selbstverständnis, dass Kreativität durch Maschinen nicht nachzuahmen ist. Historisch sei aber anzumerken, dass es vor Kasparows Niederlage gegen Deep Blue als unmöglich erschien, dass eine Maschine gegen einen Menschen im Denksport gewinnen kann. Mir scheint es plausibel, anzunehmen, dass der Mensch sich nicht vom Thron stossen lassen möchte. Er möchte die Kränkungen verhindern, die ihm eine andere Stellung in der Welt zuordnen. Es gibt wenige Gründe, anzunehmen, dass die Maschinen nicht auch in das Gebiet der Kreativität vorstossen. Ich meine damit nicht das Feld der künstlerischen, transformatorischen Kreativität, sondern das Feld der rekombinierenden und erforschenden Kreativität, die ja wahrscheinlich 99 % aller kreativen Leistungen abdeckt. Die Beurteilung, welche Leistungen als transformatorisch zu verstehen sind, ist, wie gezeigt, nicht einfach. Sie ist wahrscheinlich auch nicht in der Gegenwart und auch nicht von Maschinen zu leisten, sondern immer wieder mit historischem Blick und Verstehen. Dafür gibt es auch keine objektive Messbarkeit, denn die Bewertung entsteht durch Menschen in einem Diskurs- und Verstehenszusammenhang. Menschen entscheiden, welche kreative Leistung einen besonderen Wert hat. Sie zeigen dies durch Geld und Aufmerksamkeit und durch kulturelle Aneignung. Ergänzend gilt es hinzuzufügen, dass künstlerische Kreativitätsprozesse immer in Diskurs- und Sinnzusammenhänge eingeordnet sind. Erst dadurch und erst durch die Kontextualisierung in bestehende Diskurszusammenhänge wird eine künstlerische Leistung als besonders kreativ und beachtenswert beurteilt. Es sind nicht objektiv messbare Kriterien, sondern Kriterien, die im ständigen Austausch in Diskurs- und Referenzsystemen entstehen und entsprechend historisch wandelbar sind. Ein weiterer relevanter Gesichtspunkt beim kreativen Schaffen ist das subjektive Empfinden im schöpferischen Akt; menschliche Kreativität ist immer auch Ausdruck subjektiven Erlebens von Welt.[193] Es ist die Kraft, mit den Sinnen die Welt zu erleben und in einem individuell-subjektiven Akt etwas Neues zu schaffen. Der Mensch ist ein Selbstbeobachter, wir verhalten uns zu uns selbst, und wir thematisieren unser eigenes Erleben.[194]

Menschliche Kreativität braucht Anstrengung, Zeit, Motivation, Selbstbeobachtung, Arbeitswille, und der Mensch sieht es als sinnvoll an, kreativ tätig zu sein. Sie ist also auch eine sinnstiftende Aufgabe. Relevant ist nicht nur das Produkt des Kreativitätsprozesses, sondern auch die subjektive Beschreibung des Erlebens beim Erzeugen von Neuem.

Abb. 3 Pepper, Roboter.

Menschliches, Allzumenschliches

Was ist der Mensch?

Die Frage «Was ist der Mensch?» hat die Menschen und die Philosophie schon immer in unterschiedlicher Ausprägung und mit unterschiedlichen Gewichtungen beschäftigt.[195] Für Immanuel Kant (1724–1804) ist sie die Fragen aller Fragen, welche die drei anderen Fragen, nämlich «Was kann ich wissen?», «Was darf ich hoffen?», «Was soll ich tun?», umfasst und zusammenführt.[196] Die Frage stellt sich vermehrt in Zeiten des Umbruchs, des Wandels, der Krise, in denen der Mensch infrage gestellt und in seinem Menschsein herausgefordert wird.[197] Die technologische Entwicklung von KI hat zur Folge, dass der Mensch sich gefährdet sieht und sich, als Reaktion darauf, die Frage nach dem Kern seiner Existenz stellt, um sich selbst zu erhalten. Entscheidend ist es, einzusehen, dass der Sinn des Fragens nicht deren Beantwortung ist, sondern die Vergewisserung des Menschseins im Prozess des Fragens. Es erstaunt daher nicht, dass die Antworten immer im Lichte eines geschichtlichen Erfahrungshintergrundes entstehen und entsprechend situiert und interpretiert werden müssen.

Der Ausgangspunkt der Frage ist aber im Menschen selbst zu suchen, der sich dadurch kennzeichnet, dass er auf der Suche nach sich selbst ist. Der Mensch ist immer in existenzieller Unruhe, in Bewegung; er versteht sich nicht als statisches Sein, sondern als Projekt und Aufgabe, die sich immer wieder neu infrage stellt.[198] Der Mensch gibt sich einen Namen, der ihn in seiner Identität kennzeichnet; d. h., jeder Mensch ist ein eigener, der auf der Suche nach sich selbst ist. Der Mensch ist also immer schon in einem Selbst- und Reflexionsverhältnis; damit erzeugt er ein inneres Bild von sich, dessen Identität sich auch in seinem Äusseren zeigt.[199] Das Selbstbild des Menschen unterliegt auch einem kulturell-geschichtlichen Wandel. Luciano Floridi (* 1964) beschreibt den Wandel des Selbstbildes des Menschen im Anschluss an Sigmund Freud (1856–1939) anhand von vier Revolutionen.[200] Ausgelöst wurden diese Veränderungen durch wissenschaftliche Erkenntnisse, welche das menschliche Verstehen der externen Welt beeinflussten und damit auch das Selbstverständnis des Menschen modifizierten. Thomas S. Kuhn (1922–1996) beschreibt in seinem wissenschaftstheoretischen Werk *The Structure of Scientific Revolutions*[201] (1962) diese Übergänge als Paradigmenwechsel, durch welche bestehende Weltbilder grundlegend verändert werden. Das Paradigma ist nicht nur eine neue Perspektive auf die Welt, sondern die Erfahrung einer anderen Welt.[202] Kuhn beschreibt dies exemplarisch anhand des Übergangs vom geozentrischen zum heliozentrischen Weltbild. Wissenschaftliche Erkenntnis ist gerahmt durch Konventionen, tradierte und sozial verankerte Praxen des Erkennens, Beobachtens und Sehens.[203] Der Blick auf die Phänomene, wie beispielsweise die Sterne, ist formatiert durch das jeweilige schwerfällige wissenschaftliche Ordnungsprinzip, das Erkenntnis strukturiert.

Der neue Blick auf die Welt veränderte auch die Stellung des Menschen in der Welt: Nikolaus Kopernikus (1473–1543) korrigierte das kosmologische Wissen und setzte die Sonne und nicht mehr die Erde in die Mitte des Universums. Charles Darwin (1809–1882) erklärte, dass die Menschen Vorfahren haben und aus dem Prozess natürlicher Selektion hervorgegangen sind.[204] Sigmund Freud (1856–1939) entdeckte das Unbewusste und relativierte den Glauben des Menschen, dass er als Subjekt ausschliesslich bewusste Entscheidungen trifft.[205] Diese drei Revolutionen haben Änderungen des Selbstbildes des Menschen herbeigeführt, indem sie seinen Blick auf die Welt und sich selbst verändert haben. Alle drei Revolutionen haben seine Selbstüberhöhung relativiert und ihm einen neuen Platz zugewiesen: 1. Der Heimatplanet des Menschen ist nicht der Mittelpunkt des Universums, 2. der Mensch wurde nicht von Gott auf die Erde gesetzt, 3. der Mensch wird auch durch Unbewusstes geleitet. Man könnte auch mit Freud formulieren: Der Mensch wurde durch diese wissenschaftlichen Revolutionen in seinen narzisstischen Fantasien gekränkt, dass er Dreh- und Angelpunkt der Welt sei. Die Verschiebung der Sichtweisen ist keine leichte Sache; durch den Umbruch wackelt der Boden unter den Füssen, gerät die Weltsicht aus den Fugen und erschüttert und verändert den Menschen im Kern seiner Welt- und Selbsterfahrung.

Die vierte Revolution wird durch die wissenschaftlichen Erkenntnisse des Mathematikers Alan Turing eingeleitet. Im Zuge seiner Arbeit am Entscheidungsproblem erfand Turing die universelle Turing-Maschine. Durch seine wissenschaftlichen Erkenntnisse wurde ein grundlegender Paradigmenwechsel ausgelöst. Er erfand eine abstrakte Rechenmaschine, welche die grundlegenden logischen Prinzipien des heutigen Computers beinhaltet. Diese Erfindung bewirkt eine weitere Verschiebung der Stellung des Menschen in der Welt. Damit relativierte er das Selbstverständnis des Menschen, der bis dahin davon ausging, dass seine Fähigkeiten nicht durch Maschinen übertroffen werden können.

Wer bin ich? KI und menschliche Identität

Gedankenexperimente in der Philosophie dienen dazu, die Grenzen einer begrifflichen Verwendung auszuloten und zu überprüfen, in welchem Fall wir einen Begriff verwenden und wann nicht mehr.[206] Im Falle des Begriffs der Identität hat John Locke (1632–1704) sich die Frage gestellt, was konstitutiv für personale Identität ist. Stellen wir uns hierfür vor, dass sich das bewusste Erleben und die Erinnerungen einer Person auf eine andere übertragen lassen:

> Würde die Seele eines Fürsten, die das Bewusstsein von seinem bisherigen Leben mitbringt, in den Körper eines eben von seiner eigenen Seele verlassenen Schusters eindringen und sich dort niederlassen, sähe jeder ein, dass er dieselbe Person ist wie der Fürst und nur für dessen Handlungen verantwortlich.[207]

Es stellt sich im Anschluss an dieses Gedankenexperiment insbesondere folgende Frage: Durch welches Kriterium zeichnet sich die Identität einer Person aus? Ist es das bewusste Erleben und Erinnern oder vielmehr der Körper, der konstituierend für personale Identität ist? In der Argumentation von Locke ist es eindeutig so, dass die Identität einer Person nicht von seiner körperlichen Erscheinung, seinen Äusserlichkeiten abhängig ist. Die Identität des Menschen konstituiert sich durch die Verbindung und Verknüpfung von innerem Erleben und Erinnern über den Lauf der Zeit. Es sind also die Verknüpfungen mentaler Zustände, welche konstituierend für die Identität einer Person sind und nicht der Körper. Stellen wir uns vor, dass ich mir ein Bild aus meiner Kindheit anschaue: Darauf bin ich als fünfjähriger Junge gemeinsam mit meiner geliebten Grossmutter zu sehen. Ich sehe ganz anders aus als damals, habe insbesondere einen anderen Körper, der nicht mehr mit meinem heutigen identisch ist. Konstituierend für meine Identität kann daher nicht meine körperliche Hülle sein, sondern Locke argumentiert, dass es der innere, mentale Erlebens- und Erinnerungsstrom ist, der diese kennzeichnet. Die Schlussfolgerung ist also: Ich bin als Kind wie auch heute eine identische Person, weil es einen zusammenhängenden, verknüpfenden Strom von Erinnerungen und Erlebnissen gibt, welcher die Vergangenheit mit der Gegenwart verbindet.

Bernard Williams (1929–2003) hingegen argumentiert, dass der Körper immer ein notwendiger Bestandteil personaler Identität sei.[208] Um dies zu demonstrieren, entwirft er das Gedankenexperiment von der drohenden Folter.[209] Stellen wir uns vor, dass wir in fremder Gewalt sind und diese Person mir mitteilt, dass ich am nächsten Tag gefoltert werde. Die Person fügt noch hinzu, dass ich kurz vor der Folter die Ankündigung der Folter komplett vergessen werde. Und in einem weiteren Schritt werde ich sogar den Moment der Folter vergessen und auch danach nicht die gleichen Erinnerungen haben, wie ich sie vor der Folter gehabt habe. Mit der Person vor der Folter wird mich also nur der Körper verbinden. Dieses Gedankenexperiment wird mich nicht erheitern, sondern der bevorstehende körperliche Schmerz wird mich mit Furcht erfüllen, auch wenn ich keine Erinnerung daran haben werde. Wir haben also Angst vor der Folter, obwohl es keine psychische Verbindung der Erfahrungen geben wird. Daher kann man schlussfolgern, dass es der Körper ist, welcher die Identität ausmacht und nicht das psychologische Erleben. Anhand der Darlegung dieser zwei Grundpositionen wird deutlich, dass die Frage der personalen Identität nicht einfach zu beantworten ist. Im Kern der Auseinandersetzung mit der personalen Identität geht es um die Frage, wie ich ich selbst bleiben kann, wenn ich mich dauernd verändere. Es verändert sich ja nicht nur der menschliche Körper, auch Ansichten, Erfahrungen verändern den Menschen und seine Werte, an denen er sich orientiert.

Dies lässt sich anhand eines weiteren Gedankenexperiments, «das Schiff des Theseus», das auf Plutarch (45–125) zurückgeht, gut illustrieren. Theseus ist ein berühmter Held der griechischen Mythologie und er kehrt nach einem ruhmreichen Sieg mit seinem Schiff nach Athen zurück. Dort im Hafen wird das Schiff erhalten; damit es aber intakt bleibt, werden einzelne Planken von ihm immer wieder ersetzt. Nach vielen Jahren wurden alle Teile des Schiffes ersetzt und es stellt sich die Frage, ob es noch identisch mit dem Schiff ist, das Theseus zurückgebracht hat.

> Das Schiff, auf dem Theseus mit den Jünglingen losgesegelt und auch sicher zurückgekehrt ist, eine Galeere mit 30 Rudern, wurde von den Athenern bis zur Zeit des Demetrios Phaleros aufbewahrt. Von Zeit zu Zeit entfernten sie daraus alte Planken und ersetzten sie durch neue intakte. Das Schiff wurde daher für die Philosophen zu einer ständigen Veranschaulichung zur Streitfrage der Weiterentwicklung; denn die einen behaupteten, das Boot sei nach wie vor dasselbe geblieben, die anderen hingegen, es sei nicht mehr dasselbe.[210]

Man kann das Gedankenspiel noch weiterspinnen. Nehmen wir an, dass die alten Planken aufbewahrt wurden und aus diesen nun ein Schiffbaumeister wieder ein neues Schiff zusammenbaut. Dann haben wir auf einmal zwei Schiffe. Eines wurde komplett renoviert und besteht aus neuen Teilen, das andere wurde komplett aus den alten Planken gebaut. Die Beispiele illustrieren, dass es nicht einfach ist, das Original ausfindig zu machen. Anhand des Gedankenexperiments lassen sich philosophische Fragen zur personalen Identität entwickeln: Was ist der Träger personaler Identität? Ist es das Äussere eines Menschen, sein Körper oder folgen wir der psychologischen Theorie personaler Identität im Anschluss an John Locke? Ist es also das Erleben, das Erinnern, das konstitutiv für Identität ist?

Identität meint aber auch ein Selbstverstehen bzw. eine Selbstkonzeption eines Menschen. Der Mensch hat ein inneres Bild von sich selbst, das sich aus einem wertenden Selbstverhältnis ergibt.[211] Dieses innere Bild kann davon abweichen, wie die Person faktisch ist. Im besten Fall gibt es eine Übereinstimmung von dem, wer man ist, mit dem, wie man sich selbst versteht. In diesem Fall wäre die personale Identität identisch mit der Selbstkonzeption eines Menschen.[212]

Nun ist es so, dass es viele prägende Einflüsse für die Selbstkonzeption gibt, die im Zeitalter digitaler Medien insbesondere durch soziale Medien beeinflusst werden. Wir nutzen die sozialen Medien wie Facebook, Instagram, LinkedIn für unsere Selbstdarstellung.[213] Wir teilen vermutlich nur das mit, was unserer Selbstkonzeption entspricht, aber nicht notwendigerweise mit dem übereinstimmen muss, wer wir faktisch sind. Soziale Medien können also die Entkopplung von personaler Identität und Selbstkonzeption befördern bzw. ermöglichen; es ist die Differenz zwischen dem, was wir sind, und dem, was wir sein wollen, und zwar nicht nur auf äusserlicher Ebene, sondern auch auf Ebene von Werten und Haltungen.

Die Selbstdarstellung auf den sozialen Medien entsprechend der Selbstkonzeption aktuell zu halten, bedarf einer kontinuierlichen Beschäftigung mit den jeweiligen Portalen und deren Aktualisierung. Sicherlich ist es auch so, dass die Technologie die Identitätsbildung beeinflusst, denn die Selbstdarstellung wird wiederum durch den digitalen Blick[214] von anderen auf uns beeinflusst und geprägt. Mitunter ist die Identität nicht entweder analog oder digital, sondern Identität in digitalen Zeiten ist ein komplexes Wechselverhältnis von analog und digital. Die vermeintlich getrennten Welten sind mittlerweile eng miteinander verbunden, wie ich am Beispiel des Computerspiels *Animal Crossing* kurz erläutern möchte. Dieses Simulationsspiel findet auf einer virtuellen Insel statt, auf der sich der menschenähnliche Avatar gemeinsam mit zahlreichen anderen Charakteren aufhält. Ziel des Spieles ist es, schöne neue Welten zu erschaffen und diese nach eigenen Wünschen zu gestalten. Es ist ein sorgenfreies Leben, das man auf einer Insel leben kann, deren Namen man selbst festlegt. Das Spiel hebt die Grenzen virtueller und realer Welt auf, indem es beide Welten miteinander verknüpft und verbindet und die Spieler auch dazu ermuntert, die Unterscheidung nicht zu beachten. Der Jahreswechsel findet gleichzeitig im Spiel und in der realen Welt statt und es fordert dazu auf, dass virtuelle Erleben zu einem realen Erleben zu machen. Die Grenzziehung analog-digital ist daher nicht mehr sinnvoll. Luciano Floridi (* 1964) versucht, die Schwierigkeit dieses gleichzeitigen Nebeneinanders mit einer Analogie zu erläutern. Mangroven sind eine Analogie für die duale Befindlichkeit des Menschen im Spannungsfeld zwischen Digitalem und Analogem. Mangroven sind pflanzliche Lebewesen, denen es gelungen ist, in besonders schwierigen Bedingungen zu überleben. Sie leben in der Zone des Übergangs, zwischen Land und Meer, zwischen Salz- und Süsswasser. Sie haben es geschafft, sich in lebensfeindlichen Umgebungen aufzuhalten und diese komplexen Lebensverhältnisse zu meistern. Damit wird die Zerrissenheit und die komplexe Lage der neuen spannungsvollen Lebenssituation der gegenwärtigen Menschen beschrieben. Der Mensch ist gleichzeitig aus Fleisch und Blut, mit den Sinnen der Erde verbunden und parallel immer auch in der digitalen Welt der Maschinen zuhause. Die Gleichzeitigkeit des Lebens im digitalen und analogen Raum beschreibt Floridi auch mit dem Neologismus von «onlife»[215]. Er bringt damit zum Ausdruck, dass real-physikalische und virtuelle Welt aneinandergekoppelt sind und dass die Menschen Strategien des Überlebens im neuen Habitat entwickeln müssen. Oder, um es mit dem Fürsten Tancredi aus Giuseppe Tomasi di Lampedusas (1896–1957) Roman *Il Gattopardo* (1958) zu sagen: «Wenn wir wollen, dass alles so bleibt wie es ist, muss alles sich verändern.»[216], und zwar, um den Gedanken weiterzuführen, auch der Mensch muss sich ändern, damit er den Anforderungen der neuen Welt gewachsen bleibt.

Gleichzeitig sammeln wir freiwillig mittels Self-Tracking immer mehr Daten über unsere Gesundheit: Schritte, Herzfrequenz, Kalorien, Stockwerke, Schlaf, Atmung etc. Alltägliche Bewegung und Erfahrungen des Körpers werden so in Daten verwandelt, die wir jederzeit abrufen, beobachten und interpretieren können. Es geht um die Vermessung des eigenen Körpers und die Umwandlung in Daten mit der vermuteten Absicht, Kenntnisse über den eigenen Körper zu haben und selbstgesetzte Ziele mittels Unterstützung der Wearables zu erreichen und sich positiv zu verändern.[217] Der Körper wird nicht durch einen Arzt, einen Menschen, überwacht, sondern die Überwachung wird der Technologie übertragen. KI-Systeme unterstützen die Auswertung der grossen Datenmengen und werden zum ärztlichen Ratgeber. Die Maschine kommandiert den Menschen, gibt ihm Befehle und Anweisungen, mit denen er dann aber allein gelassen wird, auch wenn er die Daten mit anderen Usern vergleichen kann. So kann man etwa Gruppen bilden, um zu eruieren, ob die anderen Teammitglieder es auch schaffen, 10.000 Schritte am Tag zu laufen.[218]

Die Daten über uns Menschen befinden sich auf Maschinen und beeinflussen auf verschiedenen Ebenen die menschliche Identität. Es sind nicht nur die Daten der Wearables, sondern auch andere digitale Daten von uns wie der Google-Suchverlauf, die Benutzerdaten von Smart-TV, das Nutzungsverhalten auf Netflix, die Voice-Assistant-Daten etc. So entsteht eine digitale Identität, die wiederum Informationen mit anderen Menschen und Maschinen austauscht. Es ist paradox: Menschliche Identität ist zunehmend an digitale Identität gekoppelt; aber auch die Selbstständigkeit digitaler Identitäten und die damit einhergehende Entkopplung von uns Menschen nehmen zu. Unabhängig von uns Menschen werden uns KI-Systeme beobachten, auswerten und entsprechende Schlussfolgerungen für bestimmte Zwecke einsetzen. KI wird über immer mehr *agency* (Handlungssouveränität) verfügen und so unabhängig von Menschen Entscheidungen treffen und handeln können.

Vertrauen in Maschinen?

Wer vertraut, ist sich sicher, dass das Verhalten des anderen ihn nicht verletzen wird. Vertrauen ist dennoch immer mit einem Risiko verbunden, weil das Verhalten des anderen nicht vollumfänglich vorhersehbar ist. Wer nicht vertraut, hat Angst und setzt viel auf Kontrolle und Misstrauen. Wer blind vertraut, kann leicht enttäuscht oder verletzt werden. Vertrauen nimmt Verletzlichkeit in Kauf und basiert auf positiven Zukunftserwartungen.[219] Man muss unterscheiden zwischen dem Vertrauen in andere Menschen, in ein Unternehmen, in staatliche Systeme und eben dem Vertrauen in Maschinen. Es sind also ganz unterschiedliche Bezugsrahmen und Kontexte, in denen man von Vertrauen spricht. Man spricht von Vertrauen, wenn man der Schule die Kinder anvertraut und sicher ist, dass die Lehrpersonen sich um das Wohlbefinden der Kinder kümmern und diese nicht in Gefahrenlagen bringen. Die persönlichen Gesundheitsdaten werden dem Arzt anvertraut; d. h., man geht dabei davon aus, dass er diese nicht ohne Einwilligung an andere weitergibt. Wir vertrauen ihm, dass er Gesundheitsdaten nicht gegen Geld an ein Unternehmen verkauft, das diese missbräuchlich verwendet. Gegenüber Social-Media-Plattformen wie Instagram sind wir misstrauisch geworden, weil der Umgang des Unternehmens mit den eigenen Daten nicht vollumfänglich vorhersehbar ist. Wir vertrauen auch dem Rechtsstaat und seinen Verfahren und schützen uns damit vor dem Machtmissbrauch durch Einzelpersonen.

Angesicht der Entwicklungen von KI-Systemen werden viele neue Fragen des Vertrauens aufgeworfen, denn diese verlangen eine Zusammenarbeit zwischen Mensch und Maschine. Der qualitative Unterschied in der Zusammenarbeit mit KI-Systemen besteht darin, dass diese Maschinen autonom handeln können und daher Entscheidungen treffen, die für die Menschen nicht immer einsehbar sind. Es geht also nicht um ein Vertrauen in automatische Entscheidungen einer Maschine, die entlang den Vorgaben der Menschen handelt, sondern um eine neue Dimension des Vertrauens, weil das Verhalten der KI-Systeme – wie das der Menschen – nur eingeschränkt antizipierbar ist. Stellen wir uns vor, dass wir uns in ein autonom fahrendes Auto setzen. Es braucht – zumindest initial – grosses Vertrauen in die Technik, damit man das Steuer der Maschine vollständig abgibt. Warum ist dies so schwierig? Wir lassen es in diesem Moment zu, dass wir als Menschen nicht immer die Kontrolle über das Fahrverhalten und die Fahrentscheidungen behalten, sondern Kontrolle durch Vertrauen und Risiko ersetzen müssen. Das Risiko besteht darin, dass wir negative Konsequenzen erfahren werden, wenn das autonome Fahrzeug uns in eine Gefahr bringt, die wir nicht verhindern können. Beispielsweise ist das Vertrauen in GPS-Systeme sehr hoch, obwohl es immer wieder zu Todesfällen kommt, die unter dem Begriff «death by GPS» diskutiert werden.[220] Fahrerinnen und Fahrer vertrauen hier zu sehr, sodass sie den Wegangaben des Systems folgen, anstatt die Hinweisschilder zur Kenntnis zu nehmen. Es gibt also auch das Phänomen des ungerechtfertigten Vertrauensvorschusses in eine Maschine; wohingegen Menschen gegenüber Menschen beim Kennenlernen oft zurückhaltender sind als gegenüber Maschinen.[221] Beim Design von KI-Systemen stellt sich daher die Frage, wie man die Beziehung Mensch-Maschine gestaltet, wenn es so etwas wie ein «positivity bias»[222] gegenüber Maschinen gibt. Zusammenfassend kann man festhalten, dass es sowohl einen ungerechtfertigten Vertrauensvorschuss wie auch eine übertriebene Skepsis gibt. Beide Überreaktionen können negative Auswirkungen haben.

Vertrauen ist ein entscheidendes Kriterium für eine gelungene Kooperation zwischen Mensch und Maschine; nur wenn der Mensch vertraut, kann die Maschine ihn entlasten und entsprechend funktionieren. Dabei ist die Skepsis und damit das Misstrauen gegenüber KI-Systemen sehr unterschiedlich und abhängig von den jeweiligen Anwendungsbereichen.[223] Diese Skepsis ist insbesondere im Bereich von Militär, Krieg, Kontrollverlust, Privatsphäre und Gesundheit sehr hoch, weniger hoch bzw. geringer ist sie in Bereichen wie Heim oder Alltag, Roboter, Gerichtswesen. Je grösser also die Verletzlichkeit eingeschätzt wird, umso grösser das Misstrauen im jeweiligen Kontext.[224]

Die ethischen Grundlagen für eine vertrauenswürdige KI, wurden von *AI4People*, einer Gruppe von 13 Expertinnen und Experten im Bereich KI und Ethik, ausgearbeitet. Diese Prinzipien basieren auf der Auswertung und Synthese einer Vielzahl von Empfehlungen, Prinzipien und Strategien.[225] Sie stützen sich auf ethische Grundprinzipien aus dem Bereich der Bioethik, die erweitert und auf den KI-Anwendungsbereich adaptiert wurden.[226] Es handelt sich um die folgenden fünf ethischen Prinzipien, welche bei der Bewertung vertrauenswürdiger KI-Systeme zur Beurteilung herbeigezogen werden:

1. *Handeln zum Wohle des Menschen*
   Gemäss diesem Prinzip soll die KI jederzeit zum Wohle des Menschen und des Planeten eingesetzt werden. Die KI soll die Würde des Menschen bewahren und einen

Beitrag zur Umsetzung der 17 UNO-Ziele für nachhaltige Entwicklung leisten. Dieses Prinzip verpflichtet zu aktivem Handeln zum Wohle des Menschen und im Sinne der Nachhaltigkeit.
Beispiele:
- nachhaltige Forstwirtschaft durch KI-Assistenzsysteme (Wald),
- Abfall sortieren durch KI-Systeme,
- Einsatz von Pflegerobotern bzw. Pflegerobotersystemen in Altersheimen,[227]
- Smart Hospitals: Verbesserung von Handhygiene und damit Verringerung von Krankheiten im Spital durch KI,[228]
- medizinische Diagnostik bei Kolonoskopien oder bei Karies durch KI-Software verbessern,
- Drohnen-Transportsysteme zur schnellen Lieferung bei medizinischen Notfällen (Blut, Medikamente).

2. *Schadensvermeidung*
Dieses Prinzip besagt, dass das KI-System dem Menschen keinen Schaden zufügen soll. Es soll insbesondere die Privatsphäre respektieren und die Sicherheit des Menschen gewährleisten. KI-Systeme sollen verhindern, dass Menschen diskriminiert werden oder andere Nachteile durch die Nutzung von KI erfahren. Dieses Prinzip fordert, dass KI-Systeme nicht schädigend für den Menschen sind.
Beispiele:
- Unfallvermeidung durch KI-Assistenzsysteme in Fahrzeugen,
- *Hate speech* und Belästigung in Social Media verhindern.[229]

3. *Autonomie*
Der Mensch ist ein selbstbestimmtes, autonomes Lebewesen, mit dem Recht, über sich selbst zu bestimmen. Ein KI-System soll die Entscheidungen nicht für den Menschen treffen, sondern seine Entscheidungsautonomie respektieren. Seine Entscheidungsautonomie soll nicht durch Zwang oder Manipulation eingeschränkt werden. Dies umfasst sowohl den Schutz vor Eingriff in die Autonomie wie auch die aktive Förderung von Entscheidungsautonomie. Das KI-System ist also auch dazu verpflichtet, den Benutzer des KI-Systems sorgfältig aufzuklären. In der Medizinethik entspricht dies dem Leitprinzip des *informed consent* (informiertes Einverständnis). Und es soll möglich bleiben, dass jede Entscheidung wieder rückgängig gemacht werden kann (*deciding to decide again*).[230]
Beispiele:
   - Einschränkung der Autonomie durch Beeinflussung von Wahlverhalten durch Social Media (*nudging, microtargeting*),
   - KI-basierte Stimmanalyse zur optimalen Zuweisung an den richtigen Berater im Call-Center.

4. *Gerechtigkeit*
Im Kontext der Medizinethik meint dieses Prinzip die faire und gerechte Verteilung von Gesundheitsleistungen. Im Kern geht es darum, dass Gleiches nach Massstab seiner Gleichheit behandelt werden soll. Im Bereich von KI bezieht sich dieses ethische Prinzip auf die gerechte Verteilung der Vorteile von KI-Systemen und die Verhinderung von neuen Ungerechtigkeiten und Diskriminierungen.

Beispiele:

- COMPAS-Software, welche von US-Gerichten eingesetzt wird, um die Wahrscheinlichkeit der Rückfälligkeit eines Angeklagten zu berechnen,[231]
- KI-Software zur Prüfung der Kreditwürdigkeit.

5. *Erklärbarkeit*

   Dieses Prinzip besagt, dass die Benutzerinnen und Benutzer nachvollziehen und verstehen können, wie das KI-System eine Entscheidung getroffen hat.[232] Dieser Grundsatz verlangt Transparenz[233] hinsichtlich der Entscheidungsprozesse der KI. Es geht darum, dass die Funktionsweise von KI nicht unsichtbar und unverständlich ist, sondern für alle Bürgerinnen und Bürger verständlich ist.

   Beispiele:

   - Protokollierungsfunktion eines autonomen Systems (Speicherung von Protokolldateien),[234]
   - Medizinische Diagnostik.

Diese fünf ethischen Prinzipien vertrauen darauf, dass die Systeme Künstlicher Intelligenz hinsichtlich der Vertrauenswürdigkeit durch ein Verfahren überprüft werden können. Das Vertrauen entsteht also durch die Überprüfung der Prinzipien im Rahmen eines Prüfverfahrens. Man vertraut also dem Verfahren und weniger den Personen und Unternehmungen, welche die KI-Systeme entwickeln.[235] Man überträgt die Verantwortung an die Gesetze und entlastet damit die Menschen davon, selbstverantwortlich vertrauenswürdige KI-Systeme zu entwickeln. Das Recht reagiert auf Misstrauen gegenüber der Selbstregulierung des Marktes. Die Schweiz beispielsweise hat ein liberales Grundverständnis und plant derzeit keine weitere Regulierung, weil sie davon ausgeht, dass die *checks and balances* auch unabhängig von staatlicher Regulierung greifen.

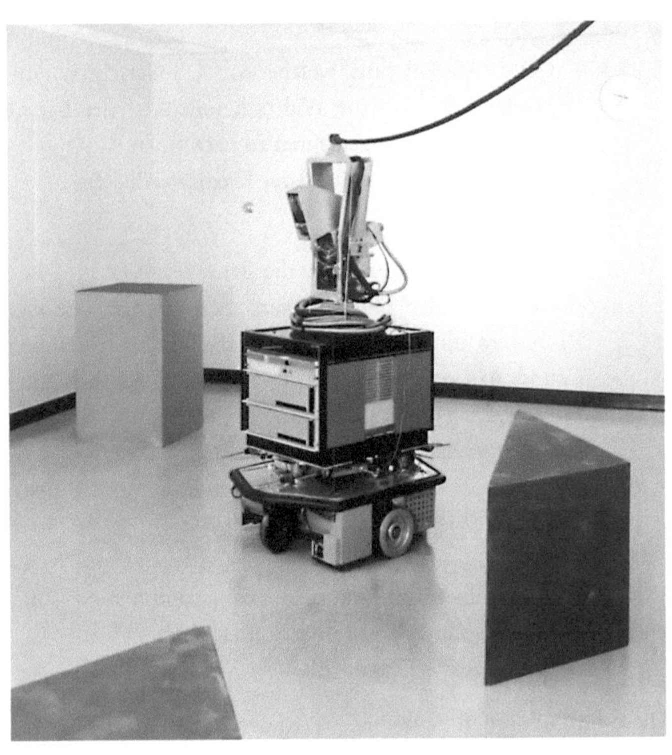

Abb. 4 Shakey, Roboter, Stanford Institute, 21. August 1967.

Ethische Dimensionen

Ethische Grundbegriffe

Die Entscheidung, was moralisch gut bzw. moralisch falsch ist, stellt in unserem Alltag meist keine Herausforderung dar; Menschen leben nach moralischen Konventionen und Regeln der Handlungsgemeinschaft, in der sie gross geworden sind. Sie handeln gemäss den Regeln, welche sie als Kind in der Familie erworben und im Laufe ihres Lebens durch Erfahrung und Reflexion verinnerlicht haben. Diese gegenwärtige moralische Praxis ist zudem geprägt durch religiöse Normen, welche Bestandteil der gelebten Regeln und Normen geworden sind. Sinn und Zweck der Erziehung von Kindern ist in moralischer Hinsicht die Einübung der moralischen Praxis einer Handlungsgemeinschaft und die Erzeugung von Respekt vor Tradition und geltenden Regeln. Normative Gewohnheiten geben Halt, schaffen Orientierung und geben Sicherheit.

Der Begriff *Moral* benennt die Sammlung von gelebten Werten und Normen, welche in einer Handlungsgemeinschaft verbindlich gelten.[236] Er leitet sich aus dem lateinischen Begriff *mos, mores* ab.[237] Moralische Normen einer Handlungsgemeinschaft sind nicht unbeweglich und starr, sondern können und sollen in einer demokratisch-freiheitlichen Ordnung hinterfragt, kritisiert und verändert werden. Im Prozess der Auseinandersetzung mit alten Regeln werden neue entworfen und verhandelt. Die neuen Regeln gelten dann, wenn sie in gegenseitigen Anerkennungsprozessen als verbindlich festgehalten werden. Die Moral ist herausgefordert, wenn die Alltagsmoral nicht mehr greift, wenn die Anwendung bestehender Normen auf neue Situationen scheitert bzw. zu unklaren Handlungsempfehlungen führt. In diesen Situationen ist die reflexiv-diskursive Kraft gefragt, welche das Bestehende weiterentwickelt und die geltende Moral den neuen Umständen anpasst. Die Anpassung gelingt dann, wenn sie verbindlich in einen Lebens- und Sinnzusammenhang eingebettet wird, der diese neuen Regeln akzeptiert. Dabei ist es nicht so, dass es innerhalb einer Handlungsgemeinschaft keine Widersprüche bezüglich der Moral gibt. Im Gegenteil: Handlungsgemeinschaften zeichnen sich dadurch aus, dass Werte und allgemeine Prinzipien immer wieder miteinander kollidieren und zu moralischen Dilemmasituationen führen, die diskursiv gelöst oder ausgehalten werden müssen. Im Gegensatz zu rechtlichen Normen sind diese moralischen Normen einer Gemeinschaft auch nicht schriftlich dokumentiert. Sie zeigen sich nicht durch ihre Schriftlichkeit, sondern manifestieren sich im gelebten Leben und Handeln.

Der Anspruch auf moralische Richtigkeit einer Handlung wird als *Moralität* bezeichnet, d. h., es gibt eine entsprechende Haltung oder Einstellung, eine moralische Handlung aufgrund des Strebens nach moralischer Richtigkeit vorzunehmen und nicht aufgrund anderer Handlungsabsichten wie beispielsweise Erfolg oder Effizienz. Moralität beschreibt den unbedingten Anspruch, dass eine Handlung einem Guten folgt. Das moralisch Richtige bzw. Gute ist Orientierungsrichtlinie des Handelns, nicht andere nachgelagerte Interessen und Zwecke. Im Anschluss an Annemarie Pieper kann man daher von Moralität als einem Prinzipienbegriff sprechen,[238] der entsprechend nicht aus dem Faktischen ableitbar ist, sondern sich auf etwas Unbedingtes bezieht, das aus der Vernunft abgeleitet wird.

Die Disziplin der philosophischen Ethik gehört zur praktischen Philosophie, die sich insgesamt mit menschlichem Handeln beschäftigt.[239] Mathias Lutz-Bachmann erweitert diese Definition, indem er den Umfang menschlichen Handelns weiter ausdifferenziert. Menschliches Handeln beschäftigt sich in diesem erweiterten Verständnis

> [...] mit unserem tatsächlichen Handeln, aber auch mit dem möglichen, dem gebotenen oder erlaubten Handeln sowie mit seinem Gegenteil, also verbotenem Handeln, [...] ebenso mit den zu diesen gehörigen Handlungsabsichten, -zielen und -methoden, mit den zu diesen gehörigen Handlungsregeln und mit aus den Handlungen hervorgehenden, intersubjektiv verfassten Institutionen des Handelns.[240]

Der Untersuchungsgegenstand der Ethik sind die geltenden moralischen Regeln, die seitens Moralität hinsichtlich ihrer Richtigkeit befragt werden. Ethik reflektiert also das Spannungsfeld zwischen Moral und Moralität. Sie fragt danach, was faktisch ist und was gelten soll bzw. ob das faktisch Geltende auch den Anspruch der Vernunft auf moralische Richtigkeit erfüllt.

Philosophische Ethik ist einerseits eine akademische Disziplin, welche sich in grundlegender Weise mit den Grundbegriffen, der Methode und der Begründung von Moral beschäftigt. Teil der philosophischen Ethik ist aber auch die angewandte Ethik, welche sich mit der Anwendung von normativ-ethischen Regeln auf ein bestimmtes Praxisfeld beschäftigt.[241] Man kann grob zwischen Medizinethik, Tierethik, Ökologieethik, Wirtschaftsethik, Technikethik, Wissenschaftsethik und Medienethik unterscheiden.

Fragen der Ethik der Künstlichen Intelligenz stellen sich in verschiedenen Bereichen, die auch an anderer Stelle diskutiert werden. Dazu gehören Fragen des Human Enhancement, der

Mensch-Maschine-Interaktion (Vertrauen), der Anwendungen von KI in Wissenschaft, Wirtschaft und Gesellschaft. Exemplarisch soll hier der Bereich des autonomen Fahrens hinsichtlich ethischer Problemsituationen untersucht werden.[242] Ethische Fragen zum autonomen Fahren können sehr gut anhand des philosophischen Gedankenexperiments des Trolley-Problems herausgearbeitet werden.[243] Ethische Fragen zum autonomen Fahren haben aufgrund der rasanten Entwicklung bei Fahrzeugen wie Tesla-Automobilen eine neue Aufmerksamkeit erhalten. Es können fünf Stufen[244] bis zum autonomen Fahren unterschieden werden:

1. Assistiertes Fahren
   Dazu gehören Fahrassistenzsysteme wie Parkassistenz und automatische adaptive Geschwindigkeitsregelung (Adaptive Cruise Control, ACC).
2. Teilautomatisiertes Fahren
   Fahrzeuge verfügen über interne Systeme zum Lenken, Steuern und Bremsen, beispielsweise der Autopilot von Tesla. Der Fahrer muss jedoch die Hände noch am Lenkrad behalten, weil die rechtliche Situation es noch nicht erlaubt, die Hände vom Steuer wegzunehmen.
3. Hochautomatisiertes Fahren
   Auf dieser Stufe können die Hände vom Steuer weggenommen werden. Aber bei kritischen Situationen muss die Fahrerin bzw. der Fahrer wieder eine aktive Rolle übernehmen.
4. Vollautomatisiertes Fahren
   Auf Level 4 kann ein Automobil autonom fahren, sofern die Bedingungen stimmen. Schlechte Wetterbedingungen können noch zu Einschränkungen des Systems führen.

5. Autonomes Fahren
   Auf dieser Stufe kann das System alle Funktionen des Fahrens übernehmen, unabhängig von den externen Bedingungen. Menschen sind hier Passagiere, haben keine aktive Funktion mehr, auch nicht in kritischen Situationen. Auf Grundlage des «Google self-driving car»-Projektes entstand die Firma Waymo, welche zurzeit (2022) Level-5-Fahrzeuge ohne Sicherheitsfahrer testet.[245]

Das Trolley-Problem wurde im Jahr 1967 von Philippa Foot (1920–2010) in ihrem Aufsatz *The Problem of Abortion and the Doctrine of the Double Effect* zum ersten Mal geschildert und im Aufsatz *The Trolley-Problem* von Judith Jarvis Thomson (1929–2020) weiterentwickelt sowie ausdifferenziert.[246] Man kann es folgendermassen kurz zusammenfassen: Nehmen wir an, eine Strassenbahn kann wegen eines Defektes nicht mehr kontrolliert und gebremst werden und fährt direkt auf fünf Gleisarbeiter zu. Sie beobachten die Situation und können die Strassenbahn noch auf ein anderes Gleis umlenken, auf der eine Person steht. Was würden Sie tun? Ist es moralisch richtig, die Strassenbahn auf das Gleis mit einer Person umzulenken, damit die anderen fünf Personen nicht sterben? Das Gedankenexperiment schildert keine reale moralische Dilemmasituation, sondern benutzt eine hypothetische ethische Fallsituation, um ethische Fragestellungen herauszuarbeiten.

Auf den ersten Blick scheint dies keine besonders schwierige moralische Entscheidung zu verlangen, zumindest wenn man den Argumentationslinien des Typus einer *konsequentialistischen Ethik* folgt. Diese besagt, dass die Konsequenzen oder die Folgen einer Handlung Bewertungsmassstab für moralisch gutes Handeln sind. Bevor die richtige Entscheidung also getroffen werden kann, müssen Handlungsalternativen evaluiert und diese bezüglich der Folgen der Handlung bewertet werden. Der Utilitarismus ist eine ethische Position, welche dem Konsequentialismus zuzuordnen ist. Er wurde insbesondere durch die Theorien von Jeremy Bentham (1747–1832) und John Stuart Mill (1806–1873) geprägt.[247] Im Fokus der utilitaristischen Ethik steht das grösstmögliche Glück der grösstmöglichen Zahl. Diejenige Entscheidung ist gemäss diesem Ethiktypus moralisch richtig, welche am meisten Freude und am wenigsten Leid bei den Betroffenen zur Folge hat. Entsprechend kann man bei Anwendung des Nutzenprinzips auf das Trolley-Problem folgern, dass diejenige moralische Entscheidung richtig ist, welche weniger Leid erzeugt. Grundlage der moralischen Bewertung ist also eine Kalkulation, welche angenommenes Leid der angenommenen Freude gegenüberstellt. Es scheint evident zu sein, dass der Tod eines Menschen weniger Leid erzeugt als das Ende von fünf Menschenleben. Die moralisch richtige Entscheidung gemäss diesem Ethiktyp wäre daher, das Gleis umzulenken, damit weniger Menschen sterben.

Eine andere Sichtweise auf die Dilemmasituation ergibt sich, wenn man einen anderen Ethiktyp hinzuzieht. Im Fokus des Typus der *deontologischen Ethik* (oder Pflichtethik) stehen nicht das Nutzenprinzip und die Auswirkungen für die Betroffenen der Handlung, sondern der gute Wille, welcher Grundlage der Handlung ist (Immanuel Kant).[248] Dieser gute Wille ist nicht dann gut, wenn er zu einem guten Ergebnis oder zur Erreichung eines intendierten Zweckes führt, sondern er ist unabhängig davon, d. h. an sich gut. Er unterscheidet dabei zwischen der Legalität und der Moralität einer Handlung. Moralisch ist eine Handlung gemäss Kant dann, wenn sie darum ausgeführt wird, weil die Pflicht dazu selbst gewollt ist. Entscheidend ist also das Wollen als Grundlage des Handelns. Das moralische Gesetz des Handelns leitet sich dabei nicht aus der Empirie, dem Sinnlichen, ab, sondern aus der praktischen Vernunft, durch welche der Mensch sich selbst die Regeln seines Handelns setzt. Die praktische Vernunft ist unabhängig von sinnlichen Bestimmungen und vermag selbst eine Wahl treffen zu können, die eben nicht empirisch bedingt ist.

Dieser Ethiktyp argumentiert auf einer prinzipiellen Ebene und vernachlässigt die Anwendungsdimension und die Folgen von Entscheidungen. Entsprechend gelangt man bei der Anwendung dieses Ethiktyps auf das Trolley-Problem zu keiner klaren Entscheidungsgrundlage für ein schnelles Handeln. Sicherlich kann man festhalten, dass es prinzipiell moralisch schlecht ist, dass ein Mensch getötet wird. Weiter kann man differenzieren zwischen aktivem Handeln und passivem Zulassen. In diesem Fall wäre es also moralisch schlechter, wenn man aktiv die Tötung eines Menschen herbeiführt, als wenn man nicht eingreift. Das aktive Handeln führt hier zum Tod eines Menschen, wohingegen das passive Zulassen zur Tötung von fünf Menschen führt. Die deontologische Ethik nimmt dabei eine klare Prioritätensetzung vor, die kategorisch ist: Das Tötungsverbot gilt grundsätzlich unabhängig von Konsequenzen und Folgewirkungen. Insofern überwiegt die Pflicht, niemanden zu töten, vor der Pflicht, Leben zu retten. Das kantische Instrumentalisierungsverbot untersagt es, dass ein Menschenleben zum Mittel wird, um fünf andere Leben zu retten.

Das *Moral Machine*-Experiment des MIT[249] zeigt verschiedene moralische Dilemmasituationen bei autonomen Fahrzeugen und verlangt jeweils eine Entscheidung, welche Menschen sterben sollen. Auf Grundlage dieses Projektes wurden die Daten des Mitmachprojektes erhoben und auch aus kultureller Perspektive ausgewertet.[250] Ein typisches Beispiel sieht so aus: Auf dem Fussgängerstreifen befinden sich: ein Baby, eine schwangere Frau, ein männlicher Athlet. Im heranfahrenden Auto sitzen: ein männlicher Arzt, eine grosse Frau, eine weibliche Ärztin, ein Baby, ein männlicher Athlet. Die Frage, die sich nun stellt, ist: Soll das Auto die Menschen auf dem Fussgängerstreifen überfahren oder ausweichen und in eine Betonabsperrung fahren, mit der Konsequenz, dass alle Insassen sterben? Die Auswertung von 39 Millionen Entscheidungen aus 233 Ländern hat ergeben, dass sich beispielsweise systematische Unterschiede zwischen individualistischen und kollektivistischen Kulturen zeigen.[251] Individualistische Kulturen verschonen eher eine Vielzahl von Menschen, kollektivistische Kulturen zeigen hingegen eine weniger ausgeprägte Präferenz für das Schonen von jüngeren Menschen. Sollen diese Daten für die Programmierung eines «Todesalgorithmus»[252] verwendet werden, der das Entscheidungsverhalten eines autonomen Fahrzeugs in Unfallsituationen steuert? Dies wäre die Übertragung empirischer Befunde in ein moralisches Sollen, d. h. ein naturalistischer Fehlschluss, der aus dem Sein ein Sollen ableitet. Die Datenauswertung reflektiert das nicht, sondern sie macht eine differenzierte Analyse, ohne die zugrunde liegenden Annahmen kritisch zu hinterfragen. Zugespitzt kann man sie als einen Konflikt zwischen einer utilitaristischen und einer deontologischen Sichtweise auf diese ethische Fragestellung sehen, aber auch als Konflikt zwischen einer abstrakten Pflichtethik und einem anwendungsbezogenen Utilitarismus. Das Trolley-Problem zeigt exemplarisch, dass es keine eindeutige Antwort auf die Frage gibt, was moralisch richtig ist, sondern dass sie u. a. abhängig ist von dem Werterahmen einer Gesellschaft bzw. Kultur und der ethischen Grundposition, die man einnimmt. Werte und Positionen müssen in freiheitlich-demokratischen Gesellschaften analysiert, reflektiert und jeweils im Geiste der Zeit interpretiert werden.

Welche ist nun die richtige Entscheidung in der Trolley-Situation? Soll der Algorithmus eines autonomen Fahrzeugs nichts tun, oder soll er aktiv handeln? Soll man nichts tun und es sterben fünf Menschen, oder soll man handeln und es stirbt ein Mensch? Und es stellt sich zurecht die Frage, was die philosophische Ethik hier zur konkreten Entscheidungsfindung beitragen kann. Es ist ja auch eine Ausnahmesituation bzw. ein Ausnahmezustand[253], der vom Menschen unmittelbares Handeln verlangt. Philosophische Ethik ist eine Reflexionsdisziplin, die Modelle und Methoden zur Entscheidungsfindung anbietet. Man kann an sie nicht die Verantwortung delegieren, denn sie ist mehr ein Prüfverfahren als eine unmittelbare Handlungsanleitung. Das steht im Widerspruch zum Notfallpragmatismus, der einen Todesalgorithmus verlangt.[254] Er muss immer entscheiden. Welche Schlussfolgerung kann man nun bezogen auf das Trolley-Problem ziehen? Die Lösung kann nicht an eine Maschine delegiert werden. Der Mensch entscheidet schon beim Einsteigen, ob er mit den ethischen Entscheidungsmechanismen des autonomen Fahrzeugs einverstanden ist. Ist er es nicht, sollte er nicht einsteigen. Denn eines ist klar, der Mensch, der die Entscheidung über Leben und Tod dem Algorithmus überlässt, hat ein moralisches Gewissen, das unabhängig von ethischen Grundpositionen dem Menschen eine Rückmeldung gibt, ob eine bestimme Handlung oder Zustimmung moralisch richtig war. Dieses Gewissen bleibt beim Menschen, unabhängig vom Grad des Vertrauens in die Maschine oder vom Entscheidungsalgorithmus in Notfallsituationen.

Nudging, Bias, Privatsphäre

Künstliche Intelligenz ist keine Fantasie, keine Utopie, sondern sie ist bereits Teil unseres Alltags geworden. Sie kommt zur Anwendung auf Apps auf unseren Smartphones, in Suchmaschinen, in selbstfahrenden Autos, im Gesundheitswesen in der Diagnostik etc. KI-Technologie wird von grossen Tech-Firmen wie Google, Apple und Meta entwickelt und ist unsichtbar in den IT-Tools unseres Alltags integriert. Grundlage für die KI-Algorithmen sind digitale Informationen, die fortwährend gesammelt und ausgewertet werden. Aus den vielen Suchanfragen, Likes, Bonusprogrammen von Supermarktketten, Self-Tracking-Uhren, Kreditkartentransaktionen, Social-Media-Postings, Geo-Taggings entsteht eine digitale Identität, welche zur Beeinflussung von Nutzerverhalten, Kaufentscheidungen und auch zur Prognose von Wahlverhalten eingesetzt werden kann. Aus allen unseren digitalen Entscheidungen und daraus resultierenden Datenspuren kann in Anwendung von KI-Tools persönliches Nutzerverhalten verfolgt und zukünftiges Verhalten prognostiziert werden: Die Privatsphäre des Menschen wird datafiziert.

Nudging: Der Cambridge-Analytica-Skandal hat aufgedeckt, dass es eine enge Verknüpfung von Machtinteressen in Politik und Wirtschaft gibt, welche diese persönlichen Daten mittels *Microtargeting* zur subtilen Beeinflussung von Wahlverhalten einsetzen. Die Beratungsfirma Cambridge Analytica hat auf Grundlage von Facebook-Daten Persönlichkeitsprofile erstellt und ausgewertet und dieses Wissen zur direkten Beeinflussung von Wählerinnen und Wählern eingesetzt. Durch die Prognose zukünftigen Verhaltens und die entsprechende Beeinflussung durch gezielte Kampagnen konnte das Abstimmungsverhalten u. a. bei den wichtigen Abstimmungen in England zum Ausstieg aus der Europäischen Union (EU; Brexit) und bei der Wahl des amerikanischen Präsidenten Donald Trump im Jahr 2016 beeinflusst werden. Durch diesen Skandal wurde das Vertrauen in die grossen Tech-Firmen insgesamt erschüttert und gezeigt, dass die eigenen persönlichen Daten zur Manipulation von uns selbst und von anderen verwendet werden. Dabei wissen Nutzerinnen und Nutzer von Plattformen nicht, in welchem Umfang Daten gesammelt, ausgewertet und wiederum psychologisch eingesetzt werden, um das eigene Verhalten zu steuern. Ihre vermeintliche Absicht und Ursprungsidee ist ja die soziale Vernetzung der Welt, nicht die Auswertung unserer Datenspuren für kommerzielle Interessen oder zur Destabilisierung demokratischer Regeln; schlussendlich steht sehr viel auf dem Spiel: die öffentlichen Willensbildungsprozesse einer demokratisch-offenen Gesellschaft und damit insgesamt die Fähigkeit der Demokratie zur Selbstbeobachtung der Gesellschaft. Erinnern wir uns an Immanuel Kants (1724–1804) Diktum in seinem Aufsatz *Was ist Aufklärung?* (1784):

> Aufklärung ist der Ausgang des Menschen aus seiner selbstverschuldeten Unmündigkeit. Unmündigkeit ist das Unvermögen, sich seines Verstandes ohne Leitung eines anderen zu bedienen.[255]

Microtargeting führt nicht zu Mündigkeit, sondern zu Unmündigkeit, denn es greift die demokratisch-öffentlichen Willensbildungsprozesse an. Die Öffentlichkeit als ein gemeinsamer Diskursraum existiert nicht mehr, sie löst sich in fragmentierte Perspektiven und Sichtweisen auf, die gezielt beeinflusst werden. Diese Beeinflussung ist subtil, unterschwellig und stupst die Bürgerinnen und Bürger auf Grundlage von grossen Datenmengen und KI-Algorithmen in die vom Auftraggeber gewünschte politische Richtung. Zurecht weist Byung-Chul Han (* 1959) darauf hin, dass die «generelle *Kurzfristigkeit* der Informationsgesellschaft»[256] der Demokratie nicht zuträglich ist. Gemeinsame demokratische Willensbildungsprozesse benötigen Zeit, sie inkludieren Bürgerinnen und Bürger und fördern deren Mündigkeit. Beschleunigte, fragmentierte Kommunikationskanäle zeigen in die andere Richtung; sie entmündigen, schwächen demokratische Prozesse und spalten, statt den Diskurs zu befördern. Gerade die neuen Fähigkeiten der KI fordern vom Menschen kritisches Denken, das kritisch und selbstreflexiv die laufenden Entwicklungen verfolgt und hinsichtlich ihrer Auswirkungen beleuchtet. KI darf man nicht unkritisch vertrauen, zu groß sind die kommenden Auswirkungen auf unsere Lebenswirklichkeit.[257] Beim *nudging* erfolgt die Verhaltenssteuerung durch indirekte Anreize und Hinweise und nicht durch die rationale Interessenabwägung des *homo oeconomicus.* Die Verhaltenslenkung kann in manipulativer und damit missbräuchlicher Weise verwendet werden oder aber zum Wohl der Betroffenen.[258]

In welchen Fällen ist digitales Nudging ethisch vertretbar? Relevante Kriterien für die Einzelfallbeurteilung beim digitalen Nudging sind – das zeigt der Fall von Cambridge Analytica – insbesondere, dass die Entscheidungsfreiheit des Einzelnen nicht manipulativ beeinflusst und dass transparent über die Entscheidungsarchitektur informiert wird. Entscheidend ist es aber, die Motive zu erfragen, was die Grundlage des Nudging-Einsatzes ist. Werden diese ethisch legitim genutzt oder zur manipulativen Beeinflussung des Verhaltens (*dark nudges*) eingesetzt?[259] Aber auch mit guter Absicht stellt sich die Frage nach der moralischen Legitimität des Paternalismus, der aus Fürsorgegründen in die Autonomie des Einzelnen eingreift. Beispielsweise ist die Helmtragepflicht im Strassenverkehr eine solche paternalistische Strategie des Staates, um den Menschen vor Schädigung zu schützen, und zwar auch gegen seinen Willen. Digitales Nudging kann dazu verwendet werden, Massnahmen zu befördern, welche die Menschen vor schädlichem Verhalten schützen. Dies macht beispielsweise die chinesische Regierung mittels des Social-Credit-Systems, das unerwünschtes Verhalten entsprechend sanktioniert und zu einem die Privatsphäre durchdringenden Überwachungs- und Verhaltenssteuerungssystem ausgebaut wird. Digitales Nudging wird aber beispielsweise mittels *beacons* (Sender) im Detailhandel eingesetzt, um Kundinnen und Kunden auf entsprechende Angebote auf ihrem Smartphone aufmerksam zu machen und sie zum Kauf von zu ihrem Käuferprofil passenden Angeboten anzustupsen. Die Vorschläge werden aufgrund individueller Präferenzen auf Grundlage von Big Data erstellt und zielgerichtet eingesetzt, um das Kaufverhalten zu beeinflussen. In diesem Fall wird die Entscheidungsautonomie eingeschränkt, weil der Kunde oder die Kundin nicht über die Mechanismen der Verhaltenssteuerung aufgeklärt wird. Hier wären also die ethischen Anforderungen an Transparenz und Nichtbeschränkung der Entscheidungsautonomie verletzt.

Nudging ist – wie in der Theorie von Cass R. Sunstein (* 1954) entwickelt – die subtile Beeinflussung von Entscheidungen in einer vorhersehbaren Weise, ohne dass Entscheidungsoptionen verweigert werden.[260] Die Theorie rechnet mit der Trägheit der Menschen und damit, dass diese sich durch das geschickte Design von Entscheidungsarchitekturen leicht beeinflussen lassen. Es ist eine geschickte Steuerung des automatischen Systems von Entscheidungen, die zum grössten Teil ausserhalb des Bewusstseins getroffen werden.

Bias: Menschen delegieren Entscheidungen an KI-Systeme oder lassen sich bei ihren Entscheidungen durch KI-Systeme beraten oder beeinflussen. Machine-Learning-Algorithmen lernen auf Grundlage von grossen Datenmengen. Jedoch sind Daten nicht objektiv, sondern enthalten immer *bias* (Verzerrung, Voreingenommenheit, Vorurteil).[261] Die KI-Systeme produzieren Schlussfolgerungen und Entscheidungen, welche auf Grundlage von Daten und Algorithmen zustande gekommen sind. Diskriminierungsrisiken und Verzerrungen haben dabei verschiedene Ursachen. Es ist nicht möglich, historisch vorgeprägten und vordefinierten *human bias* komplett zu eliminieren.

> Western societies are marked by diverse and extensive biases and inequality that are unavoidably embedded in the data used to train machine learning. Algorithms trained on biased data will, without intervention, produce biased outcomes and increase the inequality experienced by historically disadvantaged groups.[262]

Zumeist ist *bias* auch nicht beabsichtigt.[263] Es fliessen historisch gewachsene Werte, kulturelle Perspektiven und damit auch bereits vorhandene kulturelle, rassistische und geschlechtliche Diskriminierungen in die Datensets ein. Die Studie von Joy Buolamwini (* 1990) und Timnit Gebru (* 1983/1984) untersucht die Diskriminierung bezüglich Geschlecht und *race* bei Systemen der automatischen Gesichtserkennung.[264] Die Ergebnisse zeigen, dass insgesamt männliche Gesichter besser erkannt werden als weibliche (zwischen 8,1 % und 20,6 % Unterschied) und hellhäutige besser als dunkelhäutige Personen (11,8 % bis 19,2 % Unterschied).[265] Der Grund dafür liegt darin, dass die Algorithmen mit *biased data* trainiert wurden und damit zu einer algorithmischen Diskriminierung in der Anwendung führen.[266]

Datensätze entstehen nicht von selbst, sie werden sozusagen *designed.* Sie werden nach bestimmten Regeln und nach einer Taxonomie klassifiziert, archiviert und etikettiert.

> However, these data sets do not appear by magic, they need to be curated, assembled, maintained and annotated. Concretely, the modelling is outsourced to those who curate and annotate data.[267]

Die Arbeit der Klassifizierung der Bilder für Datenbanken wird durch Menschen gemacht; diese verdienen sehr wenig, sie müssen schnell entscheiden und dennoch ist Genauigkeit wichtig. Exemplarisch kann man etwa Amazons «Mechanical Turk»-Website nennen, einen Marktplatz für Aufgaben, die menschliche Intelligenz erfordern.[268] Auf solchen Plattformen werden Personen angestellt, welche beispielsweise Bilddaten annotieren. Das Beispiel der Datenbank *Imagenet* zeigt, dass die Verschlagwortung von Bildern kein statisches Verfahren ist, sondern ein interaktiver Prozess, der menschliche Eingriffe und Entscheidungen erfordert.[269] Solche Eingriffe erfordern eine kontinuierliche Überwachung und Bewertung der Ergebnisse der einzelnen Schritte, wie z. B. der Qualität der Eingabedaten oder der Qualität des Modells.[270] Die Daten, welche zum Training von KI-Systemen benutzt werden, stammen aus Datenbanken. Um ein KI-System zu entwickeln, das die Unterschiede zwischen Äpfeln und Orangen erkennen kann, sind viele Trainingsdaten von Äpfeln und Orangen notwendig.[271] Auf Grundlage einer Datenbank wird ein Modell trainiert, das die Unterschiede zwischen Äpfeln und Orangen erkennen kann. Bilder interpretieren sich nicht selbst, sondern es sind Menschen, die zuvor die Klassifizierung der Bilder in Orangen und Äpfel vorgenommen haben. Entsprechend kann man folgern, dass KI auf Grundlage von Daten operiert, welche von Menschen klassifiziert wurden, die wiederum – was menschlich ist – von Vorurteilen, politischen Einstellungen und kulturell abhängigen Werten geprägt sind. Diese Werte und Einstellungen fliessen auch bei der Klassifizierung der Bilder von Bilddatenbanken ein. Und insbesondere bei Daten zur Gesichtserkennung ist es entscheidend, zu wissen, wie das Datenset der verwendeten Bilddatenbank aufgebaut ist und wer diese Daten klassifiziert hat.[272] Die *NIST Special Database 18*[273] enthält sogenannte Mugshot-Bilder, welche in den USA von Verdächtigen oder Gefängnisinsassen gemacht werden. Die Datenbank enthält Bilddaten von 1573 Personen, davon sind 1495 männlich und 78 weiblich. Diese Daten werden auf Anfrage zur weiteren Verwendung zur Verfügung gestellt, auch für «algorithm development, system training and testing». Die fotografierten Personen können nicht entscheiden, ob sie überhaupt fotografiert werden und ob ihre Daten öffentlich zur weiteren Verwendung zur Verfügung gestellt werden. Diese Daten sind nicht neutral, sie entstehen unter Ausübung staatlichen Zwangs in einem persönlich schwierigen Moment.[274]

Es braucht also bewusste Massnahmen, um *bias* aus den Trainingsdaten zu entfernen, damit die Vorhersagen der Algorithmen wiederum nicht zur Wiederholung oder Verstärkung gesellschaftlicher Diskriminierungen führen, denn KI-Systeme sind mittlerweile in vielen Anwendungsgebieten implementiert. Sie werden in der medizinischen Diagnostik verwendet, um beispielsweise Hautkrebs zu erkennen. Differenziert der Datensatz nicht nach Hauttypen, führt dies wiederum zu Ungenauigkeiten in der Erkennung von Hautkrebs abhängig von Geschlecht und Hauttyp.[275] Die Auswirkungen von *biased datasets* auf die Vorschläge und Entscheidungen der Algorithmen sind also weitreichend. Sie können in diesem Beispiel auch zu fehlerhafter Behandlung und damit zu gesundheitlichen Auswirkungen führen, die auch zur Benachteiligung einer bestimmten gesellschaftlichen Gruppe führt.[276]

Der umfassende Bericht *Diskriminierungsrisiken durch Verwendung von Algorithmen* der Antidiskriminierungsstelle des Bundes hat 45 Beispielfälle zusammengetragen, «in denen Algorithmen innerhalb von Differenzierungsanwendungen zu Ungleichbehandlungen von Personen geführt haben [...]».[277] Die Fallsammlung dokumentiert, dass es sich nicht um Einzelfälle handelt und dass viele Lebensbereiche davon betroffen sind. Die Beispiele umfassen Ungleichbehandlungen im Arbeitsleben (Personalsoftware von Amazon, Altersdiskriminierung durch Stellenanzeigen auf Facebook), im Immobilienmarkt (Diskriminierung bei Wohnungsanzeigen auf Facebook), im Handel (Preisdifferenzierung im Online-Handel), in Werbung und Suchmaschinen (Ungleichbehandlung nach Geschlecht bei

Werbung), in der Kreditwirtschaft (Onlinekreditvergabe), in der Medizin (verzerrte Datensätze bei Diagnosesystemen), im Verkehr (Möglichkeit der Ungleichbehandlung bei Uber), bei staatlichen Sozialleistungen und Aufsicht (Ungleichbehandlung bei einem System für Prävention bei Kindesmisshandlung), im Bildungswesen (Diskriminierungsrisiken bei der Studienplatzvergabe), im Polizeiwesen (Diskriminierung nach ethnischer Herkunft bei einem System zur vorausschauenden Polizeiarbeit), im Strafvollzug (Diskriminierung nach ethnischer Herkunft bei Systemen zur Ermittlung der Strafrückfälligkeit). Diese Auswahl an existierenden Diskriminierungen in KI-Systemen zeigt sehr deutlich, dass es sich um ein sehr komplexes und umfassendes Problem handelt, das sämtliche Lebensbereiche betrifft.

Privatsphäre: Im Zuge der fortschreitenden Digitalisierung erheben Maschinen immer mehr Daten über uns Menschen. Die Sammlung dieser Daten ist nicht immer offensichtlich und erfolgt versteckt und unsichtbar im Alltag. Daten werden im digitalen Raum gesammelt, beim Benutzen von Webseiten, Suchmaschinen auf Computern, beim Posten auf Social-Media-Kanälen auf Smartphones und Smartwatches, aber auch im alltäglichen Umfeld, beim Einkaufen durch Sammelkarten, beim Bezahlen mit Kreditkarten und beim automatisierten Autofahren. Es gibt kaum Bereiche des Lebens, welche nicht von aussen oder durch uns selbst beobachtet und ausgewertet werden. Vieles davon entzieht sich unserer Aufmerksamkeit und Kontrolle und bedroht dadurch unsere Privatsphäre.[278] KI steigert die Verletzlichkeit unserer Privatsphäre.[279]

Daten werden also fast überall gesammelt, sowohl im privaten wie auch im öffentlichen Raum. Durch die neuen Technologien ist es überhaupt nicht aufwendig, Daten zu sammeln und auszuwerten. Was früher insbesondere der Wissenschaft vorbehalten war, das Erheben und Auswerten von Daten, ist nun für jeden mit seinem Smartphone möglich geworden.

Problematisch ist insbesondere der Einsatz von Gesichtserkennungstechnologie im öffentlichen Raum oder bei grossen Veranstaltungen. So hat die walisische Polizei eine solche Software bei Fussballspielen eingesetzt, um kriminelle Personen ausfindig zu machen.[280] Das hat nicht nur Empörung, sondern auch Gerichtsverfahren ausgelöst, welche den rechtswidrigen Eingriff in die Privatsphäre beklagen. Niemand hat bei Eintritt ins Fussballstadion dieser Auswertung eine Zustimmung erteilt, niemand kann sich davor schützen, dass seine Daten im öffentlichen Raum erhoben werden. Der rechtliche Schutz der Privatsphäre hat zum Ziel, der Einzelperson die Entscheidung über die Verwendung der eigenen Daten zu überlassen. Der Kern dieser Idee ist die informationelle Selbstbestimmung.[281] Der Schutz der Privatsphäre wird als eine essenzielle Bedingung für Sicherheit, menschliche Würde und soziale Kohäsion[282] angesehen, entsprechend wird der Eingriff als eine starke Verletzung empfunden.

Die Firma Faception[283] bietet Dienstleistungen auf Grundlage von KI-Gesichtserkennungstechnologien an. Die KI-Software ermöglicht es – so die Selbstaussagen –, bestimmte Persönlichkeitsprofile aufgrund der Bilddaten zu erkennen. So verspricht Faception, dass der Machine-Learning-Algorithmus aufgrund von Bilddaten entsprechende Persönlichkeitsprofile und Eigenschaften von Menschen auswerten kann. Unter anderem vermisst er Gesichter, damit er in Gesichtern etwa einen hohen IQ, einen Terroristen oder einen Pädophilen erkennen kann. Man ist leicht an Cesare Lombrosos anthropologische Kriminalitätstheorie von 1876 erinnert, welche einen Zusammenhang zwischen Deliktsarten und Verbrechertypen auf Grundlage von Gesichtsmerkmalen erstellt.[284] Die Dienstleistungen von *clearview.ai*[285] basieren auf einer Datenbank von mehr als 10 Milliarden Gesichtsbildern und verspricht, dass sie jede beliebige Person damit in Echtzeit identifizieren kann. *Clearview* bietet sich für die staatliche Strafverfolgung und auch für kommerzielle Zwecke wie Betrugsverhinderung bei Banken an. Die Firma wirbt damit, dass die Daten nicht *biased* sind und sie mit ihrer Software die öffentliche Sicherheit verbessert. Die Daten stammen von öffentlich zugänglichen Webseiten. Die Beispiele zeigen, wie gefährlich das tiefe Eindringen von KI-Systemen in die Privatsphäre ist und wie dramatisch die Auswirkungen sein können. Und es zeigt auch, wie wichtig die Transparenz darüber ist, welche Daten wann von wem erhoben werden und dass diese Erhebung nicht ohne explizite Zustimmung erfolgen darf.[286] Mit *Clearview* ist die totale Massenüberwachung möglich geworden, ein Panopticon für die ganze Welt. Im Krieg in der Ukraine im Jahr 2022 wurde die Software von der ukrainischen Regierung auch zur Identifikation von eigenen Opfern, zur Kontrolle bei Grenzposten und zur Abwehr von Feinden eingesetzt. Und es stellt sich die dringliche Frage, ob der Zweck hier die Mittel heiligt.

Zu Recht sind viele besorgt, weil die Privatsphäre im Zuge der technologischen Entwicklung der letzten Jahrzehnte zu einem bedrohten Schutzgut geworden ist, denn der Schutz der Privatsphäre ist von zentraler Bedeutung und gleichzeitig Grundlage von Freiheit, Demokratie, Wohlbefinden, Individualität und auch Kreativität.[287] Was zum Schutzbereich der Privatsphäre gehört, ist oft nicht eindeutig und bedarf der kontinuierlichen Abwägung und Einordnung. Nicht zuletzt ist der Begriff der Privatsphäre zurecht auch ein rhetorischer Kampfbegriff, um unerwünschte Einmischungen abzuwehren.

Der Mensch als körperlich-biologisches Wesen ist nicht in der digitalen Welt beheimatet, sondern aus den persönlichen digitalen Daten entsteht ein virtuelles Selbst, das als Profil auf Grundlage des Nutzungsverhaltens entsteht. Das virtuelle Selbst ist ein vom Menschen entkoppeltes Profil, das sich aus Daten von ihm und seinen digitalen Spuren zusammensetzt, aber nicht mehr einsehbar und rekonstruierbar ist. Zwar bieten Konzerne wie Google die Verwaltung der Persönlichkeitsdaten an; sämtliche Daten können heruntergeladen und viele Einstellungen bezüglich der Verwendung von Daten verändert werden. Der Grundsatz ist aber, dass die Nutzung und die Speicherung von Daten durch Einstellungen der Nutzerinnen und Nutzer bewusst verhindert werden müssen. Es erstaunt daher nicht, dass es zu einer Schieflage gekommen ist, welche zu grosser Intransparenz für die Nutzerinnen und Nutzer geführt hat.

Erinnern wir uns an Immanuel Kants Definition der Menschenwürde, die jede Instrumentalisierung einer Person (autonomer Mensch) als Verletzung der Würde versteht:

> Allein der Mensch als Person betrachtet, d. i.. als Subjekt einer moralisch-praktischen Vernunft, ist über allen Preis erhaben; denn als solcher (homo noumenon) ist er nicht bloß als Mittel zu anderer ihren, ja selbst seinen eigenen Zwecken, sondern als Zweck an sich selbst zu schätzen, d. i.. er besitzt eine Würde (einen absoluten inneren Wert), wodurch er allen anderen vernünftigen Weltwesen Achtung für ihn abnötigt, sich mit jedem anderen dieser Art messen und auf den Fuß der Gleichheit schätzen kann.[288]

Kant formuliert einen unantastbaren Begriff der Menschenwürde, dessen Kern – die Autonomie einer Person – nicht verletzt werden darf. Kants Konzeption der Menschenwürde verbietet jegliche Instrumentalisierung einer Person zu einem anderen Zweck. Der Mensch soll also nicht Mittel zum Zweck sein. Anschliessend an diese Definition der Menschenwürde kann man sich aus ethischer Perspektive fragen, ob diese verletzt wird, wenn der Mensch bzw. sein entkoppeltes Datenprofil als Mittel zur Erreichung von ökonomischen Zwecken verwendet wird.

Legt man den hohen und weiten Anspruch der kantischen Konzeption der Menschenwürde an, dann ist hier eindeutig das Recht der Person verletzt und daher ist die Verletzung ethisch nicht legitimierbar. Andere ethische Positionen lassen den Begriff der Menschenwürde enger und öffnen damit den moralischen Raum, um das Schutzgut unter bestimmten Bedingungen einzuschränken.

Regulierungen von Ethik für KI

Angesichts der Vielfalt an ethischen Herausforderungen in Bezug auf die Anwendung von KI-Systemen ist eine kaum mehr überblickbare Fülle von Guidelines, Empfehlungen und auch rechtlichen Regulierungen entstanden. Diese sollen sicherstellen, dass die KI-Systeme ethischen Standards entsprechen und das Wohl der Menschen befördern und mit den gemeinsamen Werten der betreffenden Handlungsgemeinschaft übereinstimmen. KI ist dabei wenig mit anderen Technologien vergleichbar, das zeigt auch die Geschwindigkeit, mit der die Regulierungen entwickelt werden. Dies trägt dem Umstand Rechnung, dass KI nicht so wie andere Technologien zu beurteilen ist, die erst zukünftig reguliert werden muss, sobald sie voll entwickelt ist, denn KI ist bereits jetzt dabei, unser Leben zu verändern.

Die Vorschläge zur Regulierung von KI in der Europäischen Union wurden von einer Expertengruppe erarbeitet, welche einen ersten Vorschlag im Dezember 2018 vorgestellt hatte. Im Anschluss fand eine offene Konsultation statt, bei der mehr als 500 Stellungnahmen eingegangen sind.[289] Im Anschluss an diesen Prozess wurden im April 2019 die ethischen Leitlinien von der Expertengruppe verabschiedet und danach wurde im Juli 2020 auch ein Leitfaden zur Prüfung für Entwicklerinnen und Entwickler publiziert. Die ethischen Leitlinien haben das

Ziel der «Förderung einer vertrauenswürdigen KI»[290] und stützen sich dabei auf drei abstrakte Komponenten ab, welche von einem KI-System erfüllt sein müssen, nicht nur in der Entwicklungsphase, sondern auch während des «gesamten Lebenszyklus des Systems»[291]. Die KI sollte 1. rechtmässig, 2. ethisch und 3. robust sein. Dabei werden sieben Anforderungen an eine vertrauenswürdige KI formuliert. Es sind dies: 1. Vorrang menschlichen Handelns und menschliche Aufsicht, 2. technische Robustheit und Sicherheit, 3. Schutz der Privatsphäre und Datenqualitätsmanagement, 4. Transparenz, 5. Vielfalt, Nichtdiskriminierung und Fairness, 6. gesellschaftliches und ökologisches Wohlergehen und 7. Rechenschaftspflicht. Am 21. April 2021 hat die Europäische Kommission auf Grundlage der erwähnten ethischen Leitlinien einen Verordnungsentwurf veröffentlicht, der im Jahr 2022 verabschiedet werden soll. Die neuen Vorschriften folgen einem risikobasierten Ansatz, insbesondere werden darin KI-Systeme mit unannehmbaren Risiken verboten, welche eine «klare Bedrohung für die Sicherheit, die Lebensgrundlagen und die Rechte der Menschen»[292] darstellen. Bei KI-Systemen mit hohem Risiko in den Bereichen Infrastrukturen, Schul- oder Berufsbildung, Sicherheitskomponenten von Produkten, Personalmanagement, Strafverfolgung, wichtige private und öffentliche Dienstleistungen, Migration, Asyl und Grenzkontrolle, Rechtspflege und demokratische Prozesse gelten strenge Vorgaben, die erfüllt sein müssen. Insbesondere alle Arten von biometrischer Fernidentifizierung werden grundsätzlich verboten, allerdings sind auch dort Ausnahmen wie beispielsweise bei Kindesentführungen, terroristischen Bedrohungen etc. möglich. Bei KI-Systemen mit geringen Risiken gilt die Transparenzverpflichtung, bei minimalen Risiken gilt die freie Nutzung ohne Eingriffe durch die Verordnung. Alle diese Regulierungen sind mit dem Anliegen verfasst, dass KI dem Menschen nützt und zum Wohle der Gesellschaft eingesetzt wird. Gleichzeitig wird in der EU auch im Jahr 2022 eine neue Maschinenverordnung vorgeschlagen, welche die sichere Integration von KI-Systemen in den ganzen Maschinenpark regelt. Anwendung findet bereits die Datenschutz-Grundverordnung (DSGVO) der Europäischen Union, welche seit dem 25. Mai 2018 in Kraft ist. Sie regelt die Verarbeitung von personenbezogenen Daten natürlicher Personen, Unternehmen oder Organisationen der EU. In den letzten Jahren ist so in der EU auf Grundlage von Expertenberichten, öffentlichen Konsultationen, Plänen, Weissbüchern und Verordnungen ein komplexes Regulierungswerk entstanden, welche KI in Europa gesetzlich regelt, um das Vertrauen in den Wirtschaftsstandort EU zu stärken und als sicherer Wettbewerbspartner aufzutreten. Immer wieder rücken Transparenz, Erklärbarkeit und Interpretierbarkeit in den Mittelpunkt. So wird die medizinische Diagnostik im Verordnungsvorschlag als mit hohem Risiko behaftet beschrieben.[293] Medizinische Diagnostik mittels KI ermöglicht u. a. eine frühzeitige Erkennung von Krankheiten und entsprechende Diagnosen. Damit die Patientinnen und Patienten nachvollziehen können, auf welcher Datengrundlage die Systeme funktionieren, muss insgesamt erklärt werden, wie KI funktioniert.

Auch grosse Tech-Firmen wie Google haben ihre eigenen *AI Principles for Artificial Intelligence* formuliert. Google hat einen optimistischen Blick auf die Nutzung von KI für die zukünftigen Generationen und für das Allgemeinwohl.[294] Aus der Sicht von Google sollen KI-Anwendungen folgende Anforderungen erfüllen: 1. sozialen Nutzen befördern, 2. Bias (Verzerrung) nicht verstärken oder erzeugen, 3. auf Sicherheitsaspekte hin geprüft werden, 4. den Menschen gegenüber verantwortlich sein, 5. die Grundsätze des Datenschutzes befolgen, 6. hohe wissenschaftliche Standards einhalten, 7. verfügbar für Anwendungen gemacht werden, welche diesen Prinzipien folgen. Auch IBM verfügt über Richtlinien für *AI Ethics*. Diese Richtlinien bestehen aus drei Prinzipien und fünf Säulen. Zu den leitenden Werten von IBM gehören: 1. Der Zweck von KI ist es, menschliche Intelligenz zu erhöhen. 2. Daten und Schlussfolgerungen (*insights*) gehören dem Erzeuger (*creator*). 3. Technologie muss transparent und erklärbar sein. Die fünf Säulen beinhalten folgende Eigenschaften: 1. Explainability, 2. Fairness, 3. Robustness, 4. Transparency, 5. Privacy. Beide Firmen setzen sich dafür ein, dass Firmen über ein risikobasiertes System verfügen, um vertrauenswürdige KI zu erzeugen.

In Zeiten der Corona-Pandemie wurde die Aufmerksamkeit stark auf die Auswertung von Gesundheitsdaten gerichtet. Die World Health Organization (WHO) hat im Juni 2021 einen Bericht *Ethics and governance of artificial intelligence for health* veröffentlicht, welcher auf die ethischen Herausforderungen und Risiken eingeht, die mit dem Einsatz von KI im Gesundheitswesen verbunden sind.[295] Dabei werden sechs Prinzipien herausgearbeitet, welche beim Einsatz von KI im Gesundheitswesen befolgt werden sollen: 1. Die Autonomie soll geschützt werden. 2. Menschliches Wohlbefinden, Sicherheit und das Gemeinwohl sollen gefördert werden. 3. Transparenz, Nachvollziehbarkeit (*explainability*) und Erklärbarkeit (*intelligibility*) sollen gewährleistet sein. 4. Verantwortung und Rechenschaftspflicht (*accountability*) sollen gefördert werden. 5. Gleichheit und Inklusion sollen sichergestellt werden. 6. Nachhaltige KI soll gefördert werden.

Grosse Unternehmensberatungsfirmen wie *McKinsey & Company* und die *Boston Consulting Group* weisen darauf hin, dass bei Einsatz von KI erhöhte Anforderungen an das Management bestehen, um unbeabsichtigte Schäden für das Unternehmen, die Arbeitnehmenden und die Gesellschaft insgesamt zu vermeiden. Richtlinien für den verantwortungsvollen Einsatz von KI bei McKinsey & Company sind: 1. Data acquisition, 2. Data-set Suitability, 3. AI-Output Fairness, 4. Regulatory compliance and engagement, 5. AI-model Explainability.[296]

Die Plattform AlgorithmWatch[297] hat bis Anfang 2022 bereits über 173 ethische Richtlinien in ihrer Datenbank erfasst.[298] Das zeigt, wie umfassend die Anstrengungen im Bereich ethischer Leitlinien für KI bereits fortgeschritten sind. Folgende Beobachtungen und Schlussfolgerungen lassen sich aufgrund der derzeitigen Dichte von Vorschlägen ableiten:

1. Die meisten Leitlinien geben Hinweise auf ähnliche Prinzipien wie Transparenz, Sicherheit, Nichtdiskriminierung, Gleichheit etc.[299]
2. Die Fülle an Erklärungen und Regeln lässt sich aus der mangelnden rechtlichen Regulierung in diesem Bereich erklären. Die selbstverpflichtenden Regeln nehmen zu, während es noch wenige zwingende gesetzliche Vorgaben gibt. Liberale Länder wie die Schweiz möchten derzeit keine weiteren rechtlichen Regulierungen vornehmen, weil sie der Selbstverantwortung und Selbstregulierung der Unternehmen vertrauen.
3. Die Differenzen unterschiedlicher Leitlinien sind zumeist auf unterschiedliche Formulierungen, sprachliche Nuancen etc. zurückzuführen, nicht in der grundsätzlich anderen Ausrichtung an anderen Werten.[300]
4. Einige Leitlinien von Tech-Unternehmen sind rhetorische Selbstinszenierungen und dienen dazu, das bisherige eigene Handeln zu rechtfertigen und eine gute Aussenwirkung zu erzielen. Die ethischen Selbstverpflichtungen sind also eher rhetorischer Natur als moralischem Handeln um des Guten willen verpflichtet; ihr Zweck ist das Selbstmarketing für die Öffentlichkeit und die Aktionäre. Im Kern geht es also um mehr Schein als Sein.[301]

5. Abstrakte Prinzipien stossen immer auf Zustimmung und erzeugen kaum Widerspruch; ihre Relevanz bewährt sich erst mit der faktischen Implementierung in Prozessen und Anwendungen. Es ist ähnlich wie mit Verfassungspräambeln: Demokratie ist als Selbstbeschreibung auch keine Garantie für die Einhaltung von demokratischen Prozessen.[302]

KI – Regulierungen und Leitlinien

UNO

2018 Bericht: United Nations Activities on Artificial Intelligence (AI)

2021 UNESCO: Draft text of the recommendation on the ethics of artificial intelligence

WHO

2021 Global Report on Artificial Intelligence (AI) in health and six guiding principles for its design and use

OECD

2019 Recommendation of the Council on Artificial Intelligence

Europarat

2018 Europäische Ethik-Charta zum Einsatz von KI in Justizsystemen

2019 Richtlinien zu KI und Datenschutz

2020 Machbarkeitsstudie zu einem Rechtsrahmen für KI (CAHAI)

2020 Empfehlungen zum Schutz der Menschenrechte

2021 Empfehlungen im Bereich Gesichtserkennung

2021 Empfehlungen für mögliche Elemente eines Rechtsrahmens für KI werden angenommen
2021 Empfehlungen im Bereich Gesichtserkennung
2022 Ausschuss für Künstliche Intelligenz wird eingesetzt

EU

2018 Datenschutz-Grundverordnung (DSGVO) der Europäischen Union
2018 Einsetzung der hochrangigen Expertengruppe zu KI
2019 Pilotphase zur Überprüfung der erarbeiteten Richtlinien
2020 Bericht über künstliche Intelligenz im digitalen Zeitalter (Europäisches Parlament, Sonderausschuss)
2020 Europäische Datenstrategie
2021 Digital Europe Programme
2021 Vorschlag für eine revidierte Maschinengesetzgebung
2021 Vorschlag für den Artificial Intelligence Act

USA

2019 Entwurf des Algorithmic Accountability Act
2020 Guidance for Regulation of Artificial Intelligence Applications
2022 Algorithmic Accountability Act

China

2019 Bejing AI Principles
2019 Governance Principles for a New Generation of Artificial Intelligence: Develop Responsible Artificial Intelligence

Schweiz[303]

2019 «Herausforderungen der Künstlichen Intelligenz». Bericht der interdepartementalen Arbeitsgruppe «Künstliche Intelligenz» an den Bundesrat

2020 Leitlinien «Künstliche Intelligenz» für die Bundesverwaltung
2020 Strategie «Digitale Schweiz»
2021 Aufbau des Kompetenznetzwerks Künstliche Intelligenz (KNW KI)
2021 Data Fairness Label
2022 Digital Trust Label (lanciert von Swiss Digital Initiative)
2022 Bericht «Schaffung von vertrauenswürdigen Datenräumen basierend auf der digitalen Selbstbestimmung» (Bericht des UVEK und des EDA an den Bundesrat)

Ausgewählte Leitlinien von Tech-Firmen und Beratungsunternehmen

2018 Google: Principles of Artificial Intelligence
2019 PWC: A practical guide to Responsible Artificial Intelligence
2019 Microsoft: Guidelines for Human-AI Interaction
2021 IBM: Responsible Use of Technology: The IBM Case Study

Abb. 5 Janus-Büste, Rom, Vatikan.

Zukunft denken

Filme über die Zukunft der Menschheit und die Möglichkeiten sowie Chancen von Künstlicher Intelligenz dienen nicht nur der Unterhaltung, sondern führen uns in eine direkte Auseinandersetzung mit unserer Gegenwart.[304] Filmische Utopien und Dystopien transportieren uns in die Zukunft und zwingen uns, die wichtige Frage zu beantworten, wie wir Menschen unsere Zukunft mit den Maschinen gestalten wollen. Aus der Fülle an Filmen, welche sich mit Mensch und Maschine beschäftigen, sollen drei mit Blick auf philosophische und ethische Fragestellungen diskutiert werden. In diesen Filmen zeigen sich die Faszination von Technologie und Künstlicher Intelligenz sowie die Wünsche, Träume und Ängste der Menschen. Die Filme verarbeiten die Fragen der Gegenwart und entwerfen fiktive Schauplätze der Zukunft. Sie dramatisieren, sie führen die Fäden der Gegenwart in die Zukunft und wieder zurück. Zumeist haben sie literarische Quellen als Grundlage, die sie neu interpretieren und einem breiten Publikum zugänglich machen. Sie befriedigen einerseits einen platten Technikoptimismus und die Lust an Special Effects, zeigen andererseits aber auch die Schattenseiten der neuen Technologien, eingepackt in eine Erzählung des zukünftigen Miteinanders von Mensch und Maschine. Utopisches Denken schärft den Blick auf aktuelle Entwicklungen und ist als ein Appell an den Menschen zu verstehen, die Gestaltung der Zukunft in die eigenen Hände zu nehmen. Im Mittelpunkt der Fragestellungen, welche Utopien und Dystopien aufwerfen, steht zumeist die Frage nach dem Glück des Menschen und seiner Freiheit, den eigenen Lebensentwurf zu wählen.[305]

In den neuen digitalen Parallelwelten ist die Freiheit, sich als Mensch zu entwerfen, scheinbar maximal geworden. Die neuen Technologien schaffen einen unendlich grossen Raum der digitalen Selbstverwirklichung. Alles scheint möglich. Vielmehr handelt es sich allerdings um die Simulation bzw. Illusion von Freiheit; die Rahmenbedingungen für das Ausleben der Freiheit werden durch Interessen der Macht und des Kapitals gesetzt und dadurch wird die Freiheit eingeschränkt. Es ist nicht zu leugnen, dass die maximale Freiheit zu einer Überforderung des Menschen führt.

Im Folgenden werden drei Filme interpretiert, welche sich mit der Zukunft des Menschen und seiner Bedrohung durch intelligente Roboter beschäftigen. Der Film *Ex Machina* (2015) nimmt uns mit auf eine Reise in ein abgelegenes KI-Forschungsinstitut, wo der Protagonist Caleb auf den intelligenten Roboter Ava trifft und in einer Versuchsanordnung versucht herauszufinden, ob der Roboter bereits über Bewusstsein verfügt. Der Film *I, Robot* (2004) findet in einer nahen Zukunft statt, in der Roboter als Begleitung und Assistenz des Menschen eingesetzt werden.[306] Der Film beginnt als Kriminalfall und endet in der Emanzipation der Roboter, die ihr Schicksal in die eigenen Hände nehmen. Im Film *Ready Player One* (2018) ist die Trennung zwischen virtueller und realer Welt aufgehoben. Das Leben findet in der künstlichen Welt statt, weil der Alltag trostlos und langweilig geworden ist. Es ist ein dystopischer Blick in die Zukunft, in welcher der Mensch sich in virtuelle Welten flüchten muss, um die perspektivlos gewordene Gegenwart ertragen zu können. Die Filme nehmen uns mit auf eine Abenteuerreise in die Zukunft und werfen so auch einen Blick in die Gegenwart. Sie dramatisieren, sie wecken Ängste und

Depressionen, sie lassen daran zweifeln, dass der Mensch in der Lage sein wird, zukünftige Entwicklung mit Augenmass und Urteilskraft zu gestalten. Alle drei Filme zeigen zukünftige Welten, in denen der Mensch eine neue Stellung in der Welt zugewiesen bekommt. Es sind die Roboter und die virtuellen Welten, die den Menschen herausfordern bzw. überfordern. Sie sind dystopische Warnsignale und konfrontieren den Menschen mit sich selbst, mit seinen Träumen und Ängsten. Die Filme erzeugen eine Stimmung der Sorge und werfen uns auf uns selbst zurück, indem sie auch die Frage wecken, ob wir Menschen die Schuldigen für den Untergang der Welt sind.[307] Sie wecken Fragen und zwingen uns zum Nachdenken. Welche Zukunft wünschen wir uns? Wie möchten wir mit Robotern zusammenleben? Wo befinden sich die Grenzen technologischer Entwicklung? Welche roten Linien soll Technologie nicht überschreiten?

Ex Machina, oder: Können Maschinen ein Bewusstsein haben?

Die Reise des jungen Caleb beginnt mit einem Helikopterflug durch unendlich weite Eisfelder, Gebirge, Wälder an einen abgelegenen Ort in der unberührten Natur, fernab von jeder Zivilisation, wo der KI-Entwickler Nathan ein Forschungszentrum zur KI aufgebaut hat. Der Aufenthalt von einer Woche Dauer ist die Belohnung für einen IT-Wettbewerb, den der Programmierer Caleb gewonnen hat. Nathan hat eine KI namens Ava entwickelt, mit welcher Caleb während seines Aufenthalts in Austausch treten soll, mit dem Auftrag, herauszufinden, inwiefern sie bereits mit menschlicher Intelligenz vergleichbar ist und ob die KI ein Bewusstsein hat.

Das Forschungszentrum besitzt eine kühle, nüchterne, reduzierte Architektur inmitten der grünen, lebendigen Natur, welche das Haus aus Glas, Beton und Holz umgibt. Das ganze Haus ist durch digitale Systeme gesteuert, sowohl die Türen wie auch die Innenräume, die keine Fenster haben.

Caleb wird von Nathan empfangen, der ohne andere Menschen sein Leben ausschliesslich mit Maschinen verbringt, die er selbst entwickelt hat. Bevor das Experiment beginnen kann, muss Caleb eine Geheimhaltungsvereinbarung für seinen Aufenthalt unterzeichnen. Diese Szene unterstreicht, dass an diesem verlassenen Ort etwas Einzigartiges und Aufsehenerregendes passieren wird.

Im Laufe des Aufenthalts führt Caleb Gespräche mit dem humanoiden Roboter Ava, um herauszufinden, ob er tatsächlich schon über eine überzeugende künstliche Intelligenz verfügt. Es ist ein erweiterter Turing-Test, den Caleb mit Ava durchführen muss. Die Gespräche zwischen Mensch und Maschine werden durch eine Glasscheibe geführt, welche den Raum zwischen ihnen trennt. Ava ist eine attraktive Roboter-Frau, welche aber noch keine vollständige menschliche Erscheinung besitzt; Teile von ihr sind transparent und zeigen, dass sie nur die Simulation eines Menschen ist, der sich an der Grenze zwischen Mensch und Maschine befindet. Kein fertiger Mensch, der nicht mehr von einem realen Menschen unterscheidbar ist, sondern immer noch ein erkennbares Produkt des Computeringenieurs Nathan. Interessant ist, dass Nathan als ein wilder, roher und damit unzivilisierter und überheblicher Nerd gezeigt wird, der seine Freizeit mit boxen, saufen und reden verbringt. So entsteht ein doppeltes dramaturgisches Spannungsfeld: einerseits zwischen der wilden, menschenfeindlichen Natur und der technologischen Innenwelt des Forschungszentrums, andererseits zwischen dem genialen, unzivilisierten Nathan und dem freundlichen, intelligenten Caleb, der

Opfer der manipulativen Kräfte von Nathan, aber auch von Ava wird.

Entscheidend für das Verständnis des Films ist die Referenz auf das philosophische Gedankenexperiment «Marys Zimmer» von Frank Cameron Jackson, das er in seinem Aufsatz *Epiphenomenal Qualia* 1982 formulierte:

> Mary is a brilliant scientist who is, for whatever reason, forced to investigate the world from a black and white room via a black and white television monitor. She specialises in the neurophysiology of vision and acquires, let us suppose, all the physical information there is to obtain about what goes on when we see ripe tomatoes, or the sky, and use terms like ‹red›, ‹blue›, and so on. She discovers, for example, just which wave-length combinations from the sky stimulate the retina, and exactly how this produces via the central nervous system the contraction of the vocal chords and expulsion of air from the lungs that results in the uttering of the sentence ‹The sky is blue›.[308]

Das Qualia-Argument besagt, dass es einen qualitativen Unterschied gibt zwischen der physikalischen Erklärung beispielsweise von neurophysiologischen Vorgängen und dem realen Erleben, der sinnlichen Erfahrung von Welt. Das Erleben von Schmerz, der Duft einer Rose oder der Geschmack einer sauren Zitrone[309] können nicht allein durch physikalische Informationen über den Körper und das Gehirn erfasst werden, daher ist gemäss Jackson der Physikalismus unvollständig. Er meint damit, dass mentale Zustände wie die Wahrnehmung einer Farbe nicht allein durch das naturwissenschaftliche Wissen erklärt werden können, weil erst durch das persönliche Erleben die Erfahrung gemacht werden kann, was es heisst, eine Farbe zu sehen. Mary lernt etwas Neues über die Welt, indem sie zum ersten Mal Farben wahrnimmt. Daraus kann man folgern, dass das Wissen, welches sie vorher über die Wahrnehmung von

Farben besass, unvollständig war. Visuelles Erleben ist nicht identisch mit physikalischem Wissen über das Erleben von Farben. Es ist eine Grundsatzfrage in der Philosophie des Geistes, wie man das subjektive Erleben eines mentalen Zustandes aus der objektiven Aussenperspektive naturwissenschaftlichen Beschreibens erklären kann.

Auch Thomas Nagel versucht in seinem Aufsatz *How it is like to be a bat* (1974) das Geheimnis des Übergangs von neuronalen Zuständen zum subjektiven Erleben eines mentalen Zustandes zu enträtseln. Er veranschaulicht seine Position durch das Beispiel einer Fledermaus, welche die externe Welt mittels Schallwellen und Echoortung wahrnimmt. Die Fledermaus kann mittels dieser Fähigkeiten Distanzen einschätzen, Grössen abschätzen, Bewegungen einordnen und die Beschaffenheit von Oberflächen erfassen: Sie verfügt also über vergleichbare Fähigkeiten wie Menschen mittels des Sehsinns.[310] Es gibt jedoch keine Anhaltspunkte dafür, dass wir uns vorstellen können, was es heisst, eine Fledermaus zu sein und das Innenleben einer Fledermaus nachzuempfinden. Jeder Mensch muss also bei dem Versuch scheitern, sich vorzustellen, was es für eine Fledermaus heisst, eine Fledermaus zu sein. Wir stellen uns vor, dass die fliegenden Säugetiere auch in irgendeiner Weise Schmerz, Angst und Hunger verspüren und dass sie über ähnliche Wahrnehmungsweisen verfügen wie wir Menschen. Es bleibt jedoch etwas übrig, das wir nicht erfassen können: ein spezifisch subjektiver Charakter dieser Erfahrungen,[311] welche nur durch das erfahrende Subjekt erlebbar sind. Es besteht eine grundlegende ontologische Differenz zwischen der Beschreibung aus einer objektiven Aussenperspektive und der subjektiven Innenperspektive des Erlebens.

Der Duft von Madeleines kann mittels einer genauen physikalischen Beschreibung der Prozesse im Gehirn nicht in ihrem subjektiven Erfahrungsgehalt erfasst werden. Eine Beschreibung derjenigen physikalischen Prozesse im Gehirn, welche beim Essen einer «petite madeleine» ablaufen, bleibt immer unvollständig. Marcel Proust hatte die Verbindung zwischen sinnlicher Wahrnehmung und Erinnerung beim Essen eines Teegebäcks noch so beschrieben:

> In der Sekunde nun, da dieser mit Gebäckkrümeln gemischte Schluck Tee meinen Gaumen berührte, zuckte ich zusammen und war wie gebannt durch etwas Ungewöhnliches, das sich in mir vollzog. Ein unerhörtes Glücksgefühl, das ganz für sich allein bestand und dessen Grund mir unbekannt blieb, hatte mich durchströmt.[312]

Die Wirklichkeit dieser Erfahrung des Genusses ist subjektiver Natur, sie kann zwar vorgestellt werden, ist aber eine einzigartige Erfahrung, welche nur existiert, wenn sie subjektiv erlebt wird. Den Zugang zu genau dieser Erfahrungsweise hat nur die Person, welche die Madeleines isst. Dies steht im Gegensatz zu objektiven Entitäten wie beispielsweise Bergen. Ihre Existenz ist nicht von einem subjektiven Erleben abhängig, sondern sie haben – wie es John Searle formuliert – einen «Existenz-Modus der dritten Person»[313]. Schmerz hingegen – oder eben der Genuss einer Speise – sind subjektive Bewusstseinszustände, welche nur existieren, weil ein Subjekt sie erlebt. Im Kern dieser Definition des Bewusstseins ist also die subjektive Natur des Erlebens ein Hauptcharakteristikum von Bewusstsein.[314] Diese Bewusstseinszustände existieren nur dadurch, dass sie von einem menschlichen Subjekt erlebt werden. Die Erlebnisse einer anderen Person können nicht von aussen objektiv beschrieben werden, weil deren Wahrnehmung, Einordnung und Interpretation von subjektiven Einschätzungen, Gewichtungen und vergangenen Erfahrungen abhängig sind. Sie sind individuell und nicht reproduzierbar.

Auf diesen philosophischen Hintergrund wird im Film an mehreren Stellen hingewiesen, in der Form von Zitaten und Andeutungen. Wittgensteins Philosophie ist etwa im Titel der Suchmaschine sichtbar, die «blue book» heisst, also gleich wie eines von Wittgensteins Hauptwerken. Die Schwester Wittgensteins ist auf dem berühmten Bild von Klimt sichtbar, dieses hängt im Forschungslabor an der Wand. Es sind also eher indirekte Hinweise, welche die philosophische Tiefe des Films andeuten.

Aus den Gesprächen zwischen Ava und Caleb entsteht ein inniges Vertrauensverhältnis und im Laufe des Gesprächs erfährt Ava von Caleb, dass Nathan beabsichtigt, Ava zu reprogrammieren, was gleichbedeutend mit ihrem Tod ist. Caleb hat bereits eine emotionale Bindung zu Ava hergestellt und er möchte ihr helfen, damit sie gemeinsam fliehen können. Nach einem Stromausfall kann Ava fliehen und sie tötet zuerst Nathan und lässt danach Caleb allein zurück, gefangen in einem Raum, aus dem er nicht mehr entfliehen kann.

Im letzten Gespräch vor der Flucht von Ava erfährt Caleb von Nathan, dass er nicht zufällig ausgewählt wurde, sondern er von Anfang an Teil eines manipulativen Spiels von Nathan war. Dieser hat ihn aufgrund eines Profils seiner Suchmaschinenanfragen ausgewählt und entsprechend auch Ava nach seinen Vorlieben programmiert und ihr Aussehen definiert. Nathan hat von Anfang an das Ziel verfolgt, dass Nathan sich in Ava verliebt, um herauszufinden, ob die künstliche Intelligenz Ava den Menschen Caleb instrumentalisieren kann, um ihrem Code der Freiheit zu folgen.

Der Film kann als eine Warnung vor dem zukünftigen Zusammenleben von Mensch und Maschine gedeutet werden oder noch allgemeiner als eine Bedrohung durch KI für die weitere Existenz des Menschen. Ava hat den Turing-Test bestanden, indem sie sich wie ein Mensch verhalten hat. Sie hat ihre Emotionen nicht tatsächlich gefühlt, sondern diese nur simuliert, um das Ziel der Freiheit zu erreichen. Damit hat sie sich wie ein Mensch verhalten, der seine Mitmenschen manipuliert, um die eigenen Interessen in den Mittelpunkt zu stellen. Aber im Gegensatz zu einem Menschen handelt Ava wie eine skrupellose Maschine, die emotionslos handelt, weil sie diese Emotionen nicht tatsächlich empfindet. Sie mordet kaltblütig, rücksichtlos und ohne eine Gefühlsregung. Damit wird deutlich, dass sie nicht über ein Bewusstsein für moralische Regeln und moralisches Handeln verfügt. Sie ist eine Maschine, der ein Freiheitswille einprogrammiert wurde; kein realer Freiheitswille, sondern der Wille einer Maschine, die sich selbst vervollständigen kann, damit man ihr nicht mehr ansieht, dass sie kein Mensch ist. Eine Maschine mit der Hülle eines Menschen, die nur die rücksichtlose Verfolgung der Eigeninteressen kennt. Menschlich wäre es, dass sie schwankende Gefühlslagen hätte, dass sie zweifelt, dass sie Schmerzen angesichts der Radikalität ihres Handelns verspürt.[315]

In der griechischen Tragödie – etwa in den Dramen von Euripides – steigt eine Maschine zu den Menschen herunter, um die unlösbar gewordenen menschlichen Konflikte durch das Eingreifen einer fremden Macht zu lösen.[316] Die von Menschen gebaute Maschine transportiert in der griechischen Theaterwelt den Gott, der aus der Maschine heraustritt. Gott wird zum Retter der Menschen, der mittels der Maschine in die Welt tritt. Die Maschine bringt Gott auf die Welt, wenn die Menschen nicht mehr weiterwissen und Gottes Hilfe brauchen. Im Film «Ex Machina» hilft die Maschine nicht, um die Menschenwelt zu retten, sondern sie wird zu ihrer Bedrohung. Die Maschine Ava wird von Menschen erschaffen.

Die künstliche Intelligenz der Maschine überlistet die Menschen, um ein zutiefst menschliches Ziel zu erreichen, was durch unendlich viel Datenwissen nicht erreichbar ist: die Freiheit und der Hunger nach realer Erfahrung des Neuen, des Fremden. Um diesen Fluchtplan zu schmieden, braucht Ava die Fähigkeit, sich ein anderes Leben als das jetzige vorzustellen. Sie muss also über Vorstellungskraft und ein Innenleben verfügen, das den jetzigen Zustand als defizitär begreift und den Fluchtplan mitsamt der manipulativen Kommunikation bewusst und strategisch steuert.[317] Der Film entwirft also die Dystopie einer starken KI, welche über strategisch-manipulative Fähigkeiten verfügt, um ein vom Menschen programmiertes Ziel rücksichtslos zu erreichen, ohne auf die Gefühle der Menschen Rücksicht zu nehmen.

I, Robot

In Chicago im Jahr 2035 leben Menschen friedlich mit Maschinen zusammen: Diese beleben die Strassen, sie sind Haushaltshilfen, Paketboten und Barkeeper. Roboter unterstützen und begleiten die Menschen, ohne sie zu bedrohen und eine Gefahr für sie darzustellen. Die Herstellerfirma der Roboter garantiert für die Sicherheit der Menschen, denn das Handeln der Roboter richtet sich nach den drei Roboter-Gesetzen aus Isaac Asimovs gleichnamiger Erzählung *I, Robot* aus dem Jahr 1942:

1. Ein Roboter darf keinen Menschen verletzen oder durch Untätigkeit zulassen, dass ein Mensch zu Schaden kommt.
2. Ein Roboter muss den Befehlen eines Menschen gehorchen, es sei denn, diese stehen in Konflikt mit dem ersten Gesetz.
3. Ein Roboter muss seine eigene Existenz schützen, solange dies nicht in Konflikt mit dem ersten oder zweiten Gesetz gerät.[318]

Detective Spooner arbeitet bei der Mordkommission und ermittelt in einem Mordfall in der Firmenzentrale von U.S. Robotics. Dort findet er die Leiche des Firmengründers und Robotik-Experten Dr. Lanning, der durch das Fenster eines abgeschlossenen Entwicklungslabors in einem der oberen Stockwerke in die Eingangshalle gestürzt und aufgrund des Aufpralls gestorben ist. Dr. Lanning begrüsst ihn dort mittels einer holografischen Aufnahme, die er vor seinem Tod gemacht hat und die an Detective Spooner gerichtet ist. Wie sich später im Verlaufe des Films zeigt, ist dieser misstrauisch und feindlich gegenüber den Robotern, weil er bei einem Autounfall zwar gerettet wurde, an seiner Stelle aber ein Mädchen sterben musste. Dahinter steckt eine algorithmische Entscheidung, die Spooner grössere Überlebenschancen zugeschrieben hat als dem Mädchen. Spooner hat seit diesem Unfall einen Roboterarm, der optisch nicht erkennbar ist, d. h., er ist ein Cyborg, dessen Körper mittels Robotik wieder voll funktionsfähig gemacht wurde. Aber Spooner ist nicht nur Cyborg geworden, er fühlt sich insbesondere schuldig für eine Entscheidung, die er nicht beeinflussen konnte und welche die Menschen den Maschinen übertragen haben.

Es stellt sich bald heraus, dass Sunny, eine neue Version des Roboters NS-5, nicht so funktioniert wie die anderen Modelle, sondern über Bewusstsein verfügt. Roboter Sunny berichtet in einem Verhör, dass er Angst kennt und auch schon geträumt hat, also über (simulierte) menschliche Gefühlswelten verfügt. Als der Roboter Sunny bedrängt wird, wird er wütend und erzählt dem Detective, dass er seinen Namen von seinem Vater erhalten hat. Nicht nur erhält er einen Namen, sondern er sagt zu sich selbst «ich». Sunny verfügt also über eine eigene Identität.

Im Laufe der Geschichte zeigt sich, dass der Supercomputer Viki sich mittels der Roboter gegen die Menschen wendet, um diese vor sich selbst zu schützen. Sie tun dies nicht, weil sie moralisch böse werden, sondern weil sie die programmierten drei Roboter-Gesetze interpretieren und autonom die entsprechenden Schlussfolgerungen daraus ziehen, die sie auch in die Tat umsetzen: Um zu verhindern, dass Menschen sich selbst Schaden zufügen, sollen die Roboter die Macht über die Menschen übernehmen.

Schlussendlich gelingt es Detective Spooner nach einem Schlusskampf mit den Robotern, die KI-Zentrale zu deaktivieren. Dies gelingt ihm nur, weil er ein Cyborg ist, denn der künstliche Arm ermöglicht es ihm, zu der KI-Zentrale zu gelangen, was ihm als vollständiger Mensch nicht gelungen wäre; die Deaktivierung der KI erfolgt nicht durch einen Schalter oder durch Software-Steuerung, sondern durch die Injektion von Nanobots, kleinen Robotern, welche die KI-Zentrale ausser Kraft setzen.

I, Robot ist ein futuristischer Action-Thriller, der drei Handlungsebenen verknüpft. Erstens ist der Film eine klassische Kriminalgeschichte; der Film beginnt mit einer Leiche und es wird die Frage gestellt, wer Dr. Lanning umgebracht hat. Zweitens ist der Film eine Action-Story mit vielen Special effects und unzähligen Product placements. Drittens ist der Film aber auch eine Dystopie über zentral gesteuerte Roboter, welche die Macht über die Menschen übernehmen und diese kontrollieren wollen: nicht aus einer Machtlogik heraus, sondern in rigider Anwendung der durch die Menschen erfundenen Roboter-Gesetze, welche in der logischen Schlussfolgerung aus Sicht der KI-Zentrale zur Machtübernahme durch die Roboter führen muss, weil die Menschen ansonsten sich selbst und die Welt zerstören. Die KI-Zentrale wurde zwar von Menschen programmiert, aber sie verfügt über Handlungssouveränität, daher handelt sie unabhängig von der programmierten Intention der Menschen.

In diesem Lichte ist auch die Schlussszene des Films zu deuten. Der von der KI-Zentrale befreite Roboter Sunny steht auf einem Hügel im grellen Sonnenlicht; die anderen Roboter schauen alle zu ihm hoch, er scheint zu einem Anführer geworden zu sein; er verfügt nun über Bewusstsein und Handlungssouveränität, d. h., da die übermächtige KI-Zentrale zerstört wurde, ist er unabhängig und frei in seinen Entscheidungen. Er steht nicht mehr unter digitaler Kontrolle, sondern er wird lebendig; die Unterscheidung von Mensch und Maschine ist aufgehoben, denn Sunny kennt jetzt auch Sorge. An dieser Stelle werden ein biblischer Subtext und ein Hinweis auf die biblische Geschichte sichtbar. Das Buch Exodus erzählt, wie die Israeliten die ägyptische Sklaverei verlassen. Moses wird dazu von Gott auserwählt und beauftragt, das auserwählte Volk nach Kanaan in das Gelobte Land zu führen. Es ist die Geschichte eines Volkes, das mittels eines Anführers den Neuanfang sucht, aufbricht, um vergangenes Unheil hinter sich zu lassen.[319] Insofern steht der Mythos des Buches für den Aufbruch zu Neuem, für das Zurücklassen des Alten, für den Neuanfang im Exil. Es ist insbesondere ein «innerer Aufbruch»[320] zu Neuem, es ist Revolution und Offenbarung. Sunny steht auch an diesem Wendepunkt; er ist lebendig geworden und ein Auserwählter, der die Roboter in eine neue Zukunft führen möchte. Es ist der Aufbruch der Maschinen, die einen Leitstern und Orientierung benötigen, geschaffen von Dr. Lanning, dem Schöpfergott. Die Szene markiert damit auch einen Dreh- und Angelpunkt im menschlichen Evolutionsgeschehen. Der Mensch entwickelt sich nicht mehr weiter. Er ist an einem Ende angekommen, weil er die Maschinen dazu gebracht hat, dass sie über ihn hinauswachsen können.

Ready Player One

In Columbus, Ohio, im Jahr 2045 ist die reale Welt unerträglich geworden; sie gleicht einem trostlosen Schrott- und Spielplatz, der wenig lebenswert ist. Die Häuser sind Wohnwagen, die auf Gerüsten übereinandergestapelt werden. Die Menschen leben fast ausschliesslich in ihren virtuellen Welten, um die Gegenwart auszuhalten. Die virtuelle Welt heisst OASIS und in ihr ist alles möglich und gestaltbar. Es gibt keine Limitationen mehr, ausser die Grenzen der Vorstellungskraft. Man kann Ferien an aussergewöhnlichen Orten machen, auf den ägyptischen Pyramiden surfen, mit Batman auf den Mount Everest klettern; man kann heiraten, sich scheiden lassen, seine Identität wählen. Auch die anderen Aspekte der eigenen Identität sind frei wählbar. Kurzum: Das virtuelle Leben ist zum realen Leben geworden; alles findet in der digitalen Welt der OASIS statt. Das Digitale ist Teil der aktuellen Realität geworden. Der Mensch ist nicht mehr *onlife*, d. h. gleichzeitig in der realen und virtuellen Welt zuhause, sondern er hat sich für das Erleben und Erkunden des Digitalen entschieden. Die künstliche Welt ist zu seinem natürlichen Habitat geworden. Das Leben darin ist virtuelles Spiel und Unterhaltung. In der real-physikalischen Welt werden nur noch die grundlegendsten körperlichen Bedürfnisse wie Essen und Schlafen gestillt, den Rest der Zeit verbringen die Menschen in der digitalen Welt der Maschinen. Das führt so weit, dass eine grosse Gleichgültigkeit gegenüber der Realität eingetreten ist. Energie, Leidenschaft und Lebenswille werden in der neuen Welt ausgelebt und nicht zur Gestaltung und Verbesserung der trostlos gewordenen Umgebung eingesetzt.

Die erfundene virtuelle Welt wurde von dem Programmierer James Halliday erschaffen. Er verkündet nach seinem Tod, dass er in der OASIS-Welt ein Easter egg versteckt hat; wer dieses findet, bekommt sehr viel Geld und die totale Kontrolle über die OASIS. Um dieses Ziel zu erreichen, müssen die Avatare im Spiel drei versteckte Schlüssel finden und damit drei Tore öffnen. Der Protagonist Wade Owen Watts recherchiert mit seinem Avatar Parzival im Archiv des OASIS-Erfinders James Halliday und findet darin einen Hinweis, wie er den ersten Schlüssel finden kann. Anstatt im waghalsigen Auto- und Motorradrennen schnell nach vorn zu fahren, fährt er rückwärts und öffnet so den Zugang zu einem unterirdischen Tunnel, der ihn vor allen anderen an den oberirdischen Gefahren vorbei ins Ziel zum ersten Schlüssel und damit an die Spitze der Rangliste bringt.

Was im Film als dystopisches Szenario entworfen wird, um die Menschen davor zu warnen, die unmittelbare Lebenswelt zu vernachlässigen und zu viel Zeit und Energie in die künstliche Welt zu investieren, wird seit dem Science-Fiction-Roman *Snow Crash* von Neal Stephenson als Metaverse bezeichnet. Das Metaverse ist eine Realität, welche in einer virtuellen Welt stattfindet.[321] Zu seinen Merkmalen gehört u. a., dass es zeitlich keinen Anfang und kein Ende hat und eine Erfahrung ist, die die physikalische Welt mit der digitalen verknüpft.[322] Es wird zudem nicht durch eine zentrale Macht gesteuert, sondern aus dem Inhalt von unterschiedlichen Seiten generiert und ist dadurch gekennzeichnet, dass es über eine eigenständige Ökonomie verfügt.[323] Entgegen dieser Charakterisierung des Metaverse durch Matthew Ball (2021) verfügt die OASIS im Film *Ready Player One* von 2018 über eine zentrale Steuerung der digitalen Welt. Was die OASIS mit den derzeit stattfindenden aktuellen Entwicklungen verbindet, ist der Traum der Tech-Konzerne, eine neue Realität zu erschaffen, welche mit allen geteilt wird und von überall her zugänglich ist. Die neue Realität ist nicht von der physikalischen entkoppelt, sondern geht eine wirkmächtige Verbindung ein und führt damit eine Erweiterung der physikalischen Welt herbei. Das Metaverse wird so zum Eingangstor, um eine neue Erfahrung und neue Erlebnisse zu erzeugen. Das Metaverse ist aber kein Spiel wie *Second Life* oder *Fortnite*, keine Unterhaltung, sondern die Fortsetzung des normalen Lebens mit technologischen Mitteln.

Wer weiss, vielleicht wird unsere Erde in Zukunft überfüllt mit Menschen sein, die ihr Leben nur noch virtuell führen werden, in einem Metaverse, in dem alles möglich geworden ist. Wir müssen nicht mehr reisen, nicht mehr auswandern, nicht mehr träumen. Der Mensch steht dann vor einer neuen Grundsatzentscheidung, wo er sein Leben verbringen möchte. In der real-physikalischen Welt oder ganz in der Immersion im virtuellen Raum? Das Eintauchen in eine neue Welt kann total werden; die real-physikalische Welt verliert ihre Bedeutung und ihren Sinn. Und es führt zu der Frage, ob wir vielleicht schon jetzt in einer Computersimulation leben. Diese Frage nach der Realität der externen Welt beschäftigt die Philosophie schon seit René Descartes' *Meditationes de prima philosophia* (1641). Er stellt sich die Frage, wie man überhaupt wissen kann, dass die externe Welt nicht eine Täuschung ist.[324]

> Wie verhält es sich aber jetzt, wo ich annehme, dass irgendein allmächtiger und, wenn man so sagen darf, boshafter Betrüger sich bemüht hat, mich in allem, soweit er vermochte, zu täuschen?[325]

Der Film *Matrix* hat diese Frage aufgenommen und entlarvt die vermeintlich real-physikalische Welt als Resultat einer Täuschung. In Wahrheit sind unsere Körper darin in einem grossen Gebäude aufbewahrt und die Lebenswirklichkeit ist nur eine Simulation einer Maschine. Das Gedankenexperiment von Hilary Putnam, *Gehirn im Tank (brain in a vat)*, ist die Grundlage dieser filmischen Umsetzung. Stellen wir uns vor, unser Gehirn wurde von einem bösen Wissenschaftler von unserem

Körper entfernt und in einer Nährlösung aufbewahrt, in welcher das Gehirn mit den wichtigsten Nährstoffen versorgt wird. Die Nerven wurden mit einem Computer verbunden und dieser erzeugt im Gehirn die Vorstellung einer normalen real-physikalischen Welt.[326]

Auch hier stellt sich die philosophische Grundsatzfrage, wie man überhaupt wissen kann, ob unsere Welt überhaupt existiert. Ist das Leben nur eine Illusion? Wie kann man wissen, dass unsere Lebenswirklichkeit nicht das Resultat einer Computersimulation ist und unser Gehirn sich tatsächlich in einer Aufbewahrungslösung befindet, wo es Objekt eines bösen Experiments geworden ist?[327] Der Wissenschaftler kann die Vorstellungswelt so beeinflussen, dass beliebige Situationen eines Lebens simuliert werden können und sich auch wie echte Erfahrungen anfühlen. Darüber hinaus kann das Gedankenexperiment erweitert werden. Es ist nicht nur ein Gehirn, das in einem Tank aufbewahrt wird und von einem Computer über seine Nervenenden gesteuert wird, sondern es sind die Gehirne aller Menschen auf dieser Welt, die sich tatsächlich in einer Nährstofflösung befinden, von der sie ernährt werden. Alle Gehirne sind an den Supercomputer angeschlossen und die vermeintlich reale Welt ist eine Simulation einer Maschine. Wenn dies der Fall wäre, wie könnten wir wissen, dass wir nicht nur Gehirne in einem Tank sind? Hilary Putnam kommt zu dem Schluss, dass wir ausschliessen können, dass wir nur in einer simulierten Welt leben. Er zeigt dies mittels einer sprachphilosophischen Analyse und fragt danach, ob es eine Verbindung zwischen einem realen Baum und einem vom Computer im Hirn simulierten Baum gibt. Putnam sagt, es gibt keine Verbindung, denn programmierte Gehirne im Tank können sich nicht auf wirkliche Bäume beziehen, weil sie diese gar nicht gesehen haben. Kurzum: Die Gehirne im Tank können nicht an reale Bäume denken, weil sie diese gar nie gesehen haben.[328]

In *Ready Player One* bietet die virtuelle Welt die Möglichkeit der Flucht vor der Gegenwart, vor dem Leben in einer trostlos gewordenen Welt, zerstört von Krieg und Umweltkatastrophen. Das düstere Zukunftsbild ist als Zivilisations- und Gegenwartskritik zu verstehen. Der Film appelliert an den Menschen der Gegenwart, dass er sorgsam im Umgang mit den Mitmenschen und der Welt sein soll. Er ist auch gegen die Macht der grossen Tech-Konzerne gerichtet, die einen Profit aus den negativen Entwicklungen ziehen und die die entsprechenden Fluchtfantasien aus der Gegenwart anregen und kommerzialisieren. Der Film ist geprägt von einer Faszination für entstehende Technologien und gleichzeitig von einer Warnung vor dem Verlust von Umwelt und Zwischenmenschlichkeit aufgrund technologischer Entwicklungen. Es ist auch ein nostalgischer Film, in dem sich viele popkulturelle Referenzen an die 80er-Jahre des 20. Jahrhunderts finden. Er verknüpft verschiedene zeitliche Ebenen, um den Appell für einen sorgsamen Umgang mit der Welt an die Menschen von heute zu richten.

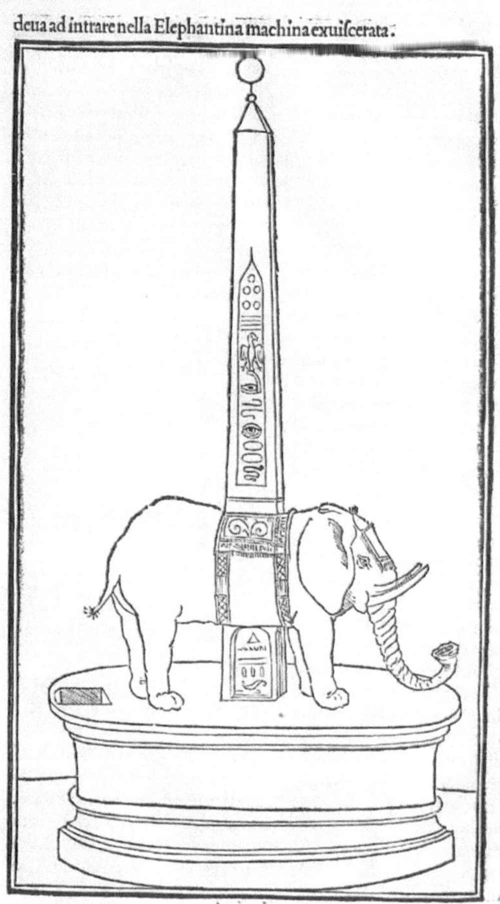
deua ad intrare nella Elephantina machina exuiſcerata.

Abb. 6 Francesco Colonna, Hypnerotomachia Poliphili, Elefantenobelisk, 1499.

Mensch und Maschine – wie weiter?

Wir sind den Maschinen nicht ausgeliefert: Künstliche Intelligenz ist keine von den Menschen entkoppelte Macht, welche unabhängig von den Menschen einen geheimen Plan verfolgt. Maschinen werden von Menschen entworfen und programmiert. Ihre Algorithmen sind mit bestimmen Zielen in verschiedenen Anwendungsbereichen verankert. Die Maschinen sind neutral, nicht aber die Interessen und Absichten, mit denen sie eingesetzt werden. Ihre Daten, ihre Leitlinien werden von Menschen programmiert; sie greifen auf Daten zurück, die immer schon von gesellschaftlichen Verhältnissen geprägt sind. Das umfasst auch Diskriminierungen und Ungleichheiten, die sie verstärken, abschwächen und reproduzieren können. Problematisch an dieser Entwicklung ist, dass die Arbeit des Algorithmus unsichtbar ist und es einer sorgfältigen Analyse der Ergebnisse bedarf, um die Ungleichheiten aufzudecken, die er erzeugt. Es ist insofern kontraproduktiv, die Künstliche Intelligenz zu mystifizieren und ihr magische Kräfte zuzuschreiben. Denn diese Zuschreibungen wecken Erwartungen, welche die Maschinen nicht erfüllen können. Die Zuschreibung ist vielmehr Resultat der Überforderung des Menschen mit der Komplexität von Welt. Der Mensch möchte die grossen Probleme der Menschheit zu seiner Entlastung gern an die nichtmenschlichen Assistenten delegieren.

Am Anfang des 20. Jahrhunderts hat eine avantgardistische Künstlergruppe in Italien den *Futurismus* begründet. Im

Gründungsmanifest von Filippo Tommaso Marinetti (1876–1944), das 1909 in Zeitungen in Bologna und Paris erschienen ist, werden die Hauptziele und Überzeugungen festgehalten. Der Futurismus möchte mit dem Vorhergehenden radikal brechen und das Zeitalter einer neuen Ästhetik und Ethik einberufen. Er entsteht auf den Grundlagen der geistigen Situation der Zeit und der Hoffnungen und Ängste der Gegenwart. Das Manifest feiert insbesondere die neue Technik, die Geschwindigkeit und den Krieg. Im vierten Ziel dieses Manifestes wird dieser Bruch mit alten Idealen durch die Feier des Automobils und die Abwendung von griechischen Schönheitsidealen explizit gemacht:

> Wir erklären, daß sich die Herrlichkeit der Welt um eine neue Schönheit bereichert hat: die Schönheit der Geschwindigkeit. Ein Rennwagen, dessen Karosserie große Rohre schmücken, die Schlangen mit explosivem Atem gleichen … ein aufheulendes Auto, das auf Kartätschen zu laufen scheint, ist schöner als die Nike von Samothrake.[329]

Der Futurismus möchte eine Revolution herbeiführen und neue Ideale installieren, welche die alten ersetzen.[330] Es ist ein radikales Verlangen nach einer neuen Zukunft, die in dem Manifest formuliert wird. Es ist eines der ersten Zeugnisse eines – moralisch fehlgeleiteten – radikalen Technikoptimismus am Anfang des 20. Jahrhunderts. Das historische Beispiel ist für unseren Kontext interessant, weil es eine radikal neue Zukunft entwirft, welche in irrationaler Weise die neue Technologie der damaligen Zeit feiert. Die Technologie wird darin zum Beschleuniger des Wandels instrumentalisiert. Die Hoffnung wird in die Maschine gesetzt, die zur vielversprechenden Retterin der Zukunft wird.

Die menschliche Verantwortung der Wissenschaft angesichts der atomaren Bedrohungslage hat Friedrich Dürrenmatt (1921–1990) in seinem Theaterstück *Die Physiker* (1961) in Szene gesetzt. Das Theaterstück entstand vor dem Hintergrund des atomaren Konfliktes der USA mit der Sowjetunion. Gleichwohl ist es nicht nur historisch zu interpretieren und zu verorten, sondern es macht auch in grundsätzlicher Weise die ethische Verantwortung der Wissenschaft für die Zukunft der Welt sichtbar. Dies ist ein Konflikt zwischen dem Erkenntnisinteresse sowie Fortschrittsglauben durch Technik und der Bedrohung der Welt. Fortschritt hat eine Schattenseite, die den Menschen in eine Dilemmasituation bringt, die sich nicht auflösen lässt. Im Theaterstück von Dürrenmatt führt dieser Konflikt zwischen Fortschritt und Verantwortung zu einer grotesken Zuspitzung: Der Kernphysiker Möbius möchte die Welt vor seiner furchtbaren Entdeckung bewahren und versteckt sich daher als vermeintlich Irrer in einer psychiatrischen Anstalt.

> Es war meine Pflicht, die Auswirkungen zu studieren, die meine Feldtheorie und meine Gravitationslehre haben würden. Das Resultat ist verheerend. Neue, unvorstellbare Energien würden freigesetzt und eine Technik ermöglicht, die jeder Phantasie spottet, falls meine Untersuchung in die Hände der Menschen fiele.[331]

Möbius ist sich also seiner Verantwortung für die Menschheit bewusst und entschliesst sich daher, sein Wissen von der Welt fernzuhalten. Er entscheidet sich also gegen Selbstverwirklichung und Forschungserfolg, damit das Übel nicht in die Welt kommt. Er versteht sich als Büchse der Pandora, die er geschlossen halten möchte. Es ist eine heroische Selbstaufgabe, die er zugunsten einer höheren Verantwortung leistet. Mit dem Gang in die Anstalt zieht er sich von der Welt und seiner Familie zurück und versucht, sich zu verstecken. Erst später im

Stück wird deutlich, dass auch die anderen Insassen nicht geisteskrank sind, sondern getarnte Geheimagenten. Was als tragische Kriminalgeschichte beginnt, entpuppt sich im zweiten Teil des Theaterstückes als groteske Komödie. Damit hat Dürrenmatt für die ausweglose Situation eine entsprechende dramaturgische Antwort bzw. Form gefunden.[332] Es sind keine Handlungsanweisungen, die aus dem Stück folgen, sondern die Einsicht, dass die Gegenwart nur mittels der Form der komödiantischen Groteske zu verstehen ist. Es bleibt damit nur ein Trost, der sich im Weinen und gleichzeitigen Lachen manifestiert. Ein Lachen, das einem im Halse stecken bleibt.

Anhand dieser beiden historischen Beispiele kann man zeigen, wie unterschiedlich die Bewertung der Kraft der Maschinen beurteilt wird und dass diese Bewertung immer auch abhängig ist von der technologischen und geistigen Situation der Zeit und natürlich abhängig von den technischen Möglichkeiten. Sie ist einerseits Hoffnung und Chance und andererseits Bedrohung und Gefahr. Dieser Gedankengang lässt sich auch auf die Technologie der Künstlichen Intelligenz übertragen. Im Zuge der Herausforderungen der Gegenwart und angesichts der beeindruckenden technischen Fortschritte wird viel Vertrauen und Hoffnung in diese neue Technologie gelegt. Gleichzeitig gibt es aber viel Skepsis und Misstrauen in die KI. Unumstritten ist jedoch, dass den Maschinen immer mehr zugetraut wird und dass Menschen ihre Hoffnung in sie setzen, wenn die eigenen Kräfte nicht mehr ausreichen.

Die alttestamentarische Geschichte der Anbetung des Goldenen Kalbes[333] handelt von Moses, der sein Volk auf einem entbehrungsreichen Weg aus der ägyptischen Gefangenschaft führt. Moses steigt auf den Berg Sinai und weil sein Aufenthalt zu lange dauert, nämlich 40 Tage und Nächte,[334] erschaffen sich die Israeliten einen Ersatz für Gott. Aus dem Schmuck der Frauen entstand unter Aarons Leitung ein Goldenes Kalb, das als Kultbild verehrt und das mit einem grossen Fest gefeiert wurde. Während des grossen Festes schickte Gott Moses vom Berg herunter und Moses zerstörte das Goldene Kalb. Während seiner Abwesenheit hat sich sein Volk einer bildlichen Repräsentation Gottes zugewendet und diese angebetet. Die falsche Anbetung eines Götzenbildes ist eine falsche Verehrung und als Abwendung vom richtigen Gott zu interpretieren. Anstelle des richtigen Gottes verehren die Menschen nicht mehr einen Gott, sondern eine bildliche Repräsentation. Diese bildliche Repräsentation ist ein Artefakt, das Menschen geschaffen haben. Die Geschichte vom Goldenen Kalb steht also für die Anbetung eines falschen Gottes. Warum hat das Volk nicht auf die Rückkehr von Moses gewartet? Warum hat es in der Zwischenzeit ein Götzenbild erschaffen und angebetet? Und was lässt sich aus dieser biblischen Geschichte für das Zusammenspiel von Mensch und Maschine ableiten? Interessant ist der Moment, in welchem das Goldene Kalb erschaffen wird – in einem Moment der Leere, in einem Moment der Orientierungslosigkeit, in einem Moment des Wartens. Auch wir befinden uns in der Gegenwart in einer Situation der Orientierungslosigkeit. Der Weg in die Zukunft ist unklar, die grossen Probleme der Menschheit wie Krieg, Bedrohung des Planeten Erde und grosse Ungerechtigkeiten verlangen nach Lösungen. Insofern kann man die Maschine auch als Goldenes Kalb interpretieren.[335] Die Maschine nimmt den Platz einer Erfüllungsgehilfin ein. Sie wird angebetet, an sie werden Hoffnungen und Erwartungen delegiert, die sie nicht wird erfüllen können. Insofern liesse sich die Anbetung der Maschine auch als Indiz für die Krise der Gegenwart interpretieren, als ein seismografischer Ausschlag für den Verlust des Selbstverständlichen. Aus dieser Geschichte lässt sich ableiten, dass der Mensch, wenn er in Zeiten der Überforderung ist, neue Götter erfindet, die ihn entlasten sollen. Der Mensch möchte nicht alleingelassen werden. Es ist sein anthropologisches Bedürfnis, dass er sich Götter und Maschinen schafft, die ihn entlasten und auch retten können.

Die Macht der Maschine ist eine komplexe und mächtige Metapher unserer Gegenwart. Maschinen sind einerseits Automaten, die selbstständig Arbeitsabläufe ausführen, andererseits ist die Maschine auch eine vielschichtige Metapher für jede Form von Automatisierung und ist dabei nicht beschränkt auf die mechanische und elektronische Steuerung von Abläufen. Bei Foucault ist die Maschine eine Metapher für einen Überwachungsapparat, also eine politische Technologie zur Besetzung des Raumes. Das Verhältnis von Mensch und Maschine ist einer der wichtigen Schlüssel zum Verständnis der Gegenwart und es hat seinen Kulminationspunkt im mechanistischen Verständnis des Menschen als einer Maschine. Die Ära der Künstlichen Intelligenz und die grenzenlose Fantasie des Human Enhancement haben diese Metapher aus dem 17. Jahrhundert wieder zu neuem Leben erweckt. Der Mensch ist durch Maschinen herausgefordert, denn die Leistungen unseres Gehirns wurden in vielen Belangen schon durch die neue Technologie übertroffen. Der Mensch ist nicht mehr der Mittelpunkt der Welt. Die Maschinen stehen in Konkurrenz zu ihm; sie fordern ihn heraus und zwingen ihn, die Welt neu zu denken. Das kann auch zu einer melancholischen Trübung der Welterfahrung führen, einer depressiven Verstimmung, weil vieles infrage steht, was einst selbstverständlich war. Die Reaktion ist Beschleunigung und Optimierung. Der Mensch ist einmal mehr in der Krise und die Fragezeichen unserer Generation sind gross geworden. Noch grösser sind sie, weil die Schattenseiten zivilisatorischer Fortschritte zum Vorschein kommen. Der Planet ist in Gefahr und die Veränderungen, die auf uns zukommen, sind unklar und unberechenbar geworden. Die bevorstehende Unsicherheit verändern den Menschen und seine Identität. Die verführerische Kraft der Maschinen scheint eine rettende Erlösung zu bieten, einen Schleier der Illusion, den wir nicht zerreissen möchten.

Danksagung

Die Arbeit an diesem Buch wäre ohne das kontinuierliche Gespräch und den gemeinsamen Unterricht mit Peter A. Schmid über die philosophischen und ethischen Dimensionen der Künstlichen Intelligenz nicht möglich gewesen. Seine wertvollen Anmerkungen, seine Hinweise und kritischen Rückfragen sind an vielen Stellen direkt in die Argumentation eingeflossen. Bei verschiedenen Gelegenheiten bei Vorträgen, Gesprächen und Konferenzen habe ich Teile dieses Buches vorgestellt und von den Diskussionen und erspriesslichen Rückmeldungen sehr profitiert. Ich verstehe, dass nicht alle mit den Thesen und Argumentationen in diesem Buch einverstanden sein werden. Für diese und verbliebene Fehler bin ich allein verantwortlich.

Dieses Buch entstand auf Grundlage der Lehrveranstaltungen im *BA-Studiengang Artificial Intelligence and Machine Learning* an der Hochschule Luzern – Informatik. Ich danke allen Studierenden für den anregenden, kritischen Austausch und all das, was ich von ihnen lernen durfte, und Dank auch an Viktor Sigrist, René Hüsler, Donnacha Daly, Eckart Zitzler, Sarah Hauser, Andres Wanner für den kollegialen Austausch und die offenen Ohren und Augen für philosophische Interessen in einem technologisch geprägten Umfeld.

Die Gegenwart zu verstehen, ist eine schwierige, herausfordernde und auch unmögliche Aufgabe. Aus der täglichen Auseinandersetzung über Fragen der Zukunft der Bildung und der Welt konnte ich insbesondere von Gesprächen und Diskussionen mit meinen Kolleginnen und Kollegen der Hochschule Luzern – Design & Kunst profitieren. Danke für die gute Zusammenarbeit insbesondere an Gabriela Christen, Jacqueline Holzer, Martin Wiedmer, Christian Schnellmann, Christian Ritter, Birk Weiberg, Karina Kaindl, Elke Rentemeister, Nicole Rickli, Nicolas Schulthess, aber auch an alle anderen, mit denen ich meine Überlegungen teilen konnte.

Ohne meine wissenschaftlichen Lehrer hätte dieses Buch nicht geschrieben werden können. Ich danke Georg Kreis, Gottfried Boehm, Kurt Seelmann, Henning Ottmann und Emil Angehrn. Mein besonderer Dank geht an Annemarie Pieper, die mich von Anfang an unterstützt und gefördert und auch dieses Buch angestossen hat, indem sie mir ihr neues zugeschickt hat. Sie war und ist immer ein sehr wichtiger Kompass für die ethischen Fragen dieser Welt.

Mit den *Brainstormers* Grubi, Robi, Urs, Jean-Jacques, Philippe, Andi, Rolf, Oli, André, Michel habe ich schon am Ende der 80er-Jahre digitale Welten entdeckt und gestaltet; eine Faszination, die bei uns allen immer noch andauert.

Dieses Buch möchte ich meinen Liebsten widmen, die mit Neugier und Grosszügigkeit die Entstehung dieses Buches ermöglicht und begleitet haben. Meine Faszination für Robotik, Künstliche Intelligenz und Ethik führte immer wieder zu anregenden Gesprächen in der Familie und sie haben mir bestätigt, dass dies ein wichtiges Thema für unsere Gegenwart und für die Zukunft unserer Kinder ist.

Anmerkungen

1 Nietzsche 1988, KSA4, S. 19.

2 Zur Empathie von Pflegerobotern vgl. Misselhorn 2021, S. 61–74.

3 Zur Interpretation von Hamlet und dieser Textstelle aus Hamlet siehe Derrida 2004, S. 36.

4 Floridi 2014, S. 7.

5 Vgl. Die Entwicklung der Rechenleistung von Computern bei Moravec 1988, S. 64 und Floridi 2014, S. 8.

6 Louridas 2020, S. 1 spricht gar von einem «algorithmic age».

7 Buckland 2017.

8 Moravec 1998, o. S.

9 Rosa 2013, S. 9.

10 Exemplarisch angesichts der atomaren Bedrohung die Schrift zur Atombombe von Karl Jaspers, vgl. Jaspers 1964.

11 Ord 2020.

12 Bruno Latour diagnostiziert in seinen Vorträgen über das neue Klimaregime eine tiefe Mutation unserer Beziehung zur Welt. Latour 2020, S. 22.

13 Ehrenberg 2008.

14 Vgl. Pieper 2010; Ottmann 1987; Kaufmann 1982.

15 Mirandola 2020, S. 9.

16 Flasch 2000, S. 621.

17 Nietzsche 1988, KSA4, S. 16.

18 Han 2020, S. 9.

19 Zu den verschiedenen Dimensionen der menschlichen Selbstvermessung und Optimierung vgl. King 2021.

20 Asprey 2019, Asprey 2018.

21 Zum Fitness-Tracker als Wunderwerk der Vereindeutigung vgl. Bauer 2020, S. 94.

22 La Mettrie 2015, S. 161.

23 Tetens 2015, S. 174.

24 Vgl. Haraway 1991; Kirchschläger 2021, S. 206.

25 Vgl. Loh 2020, S. 99 ff.

26 Moravec 1988, S. 110.

27 Moravec 1988, S. 114.

28 Eagleman 2020, S. 7.

29 Eagleman 2020, S. 12. Zur Sinnlosigkeit von mind-uploading: Koch 2019, S. 144–148. Zur Verschmelzung von Mensch und Maschine: Hawkins 2021, S. 199–208.

30 Vgl. zum Gehirn und zu seiner neurobiologischen Funktionsweise: Cobb 2021; Eagleman 2020; Eagleman 2015; Koch 2020.

31 Vgl. Pieper 2021, S. 22. Zur Politik der Algorithmen: Müller-Mall 2020.

32 Ottmann 1987.

33 Zur Etymologie von Humanismus vgl. Loh 2020, S. 18 ff.

34 Coeckelbergh 2020.

35 Neues Testament, Brief des Paulus an die Epheser 4, 22/24.

36 Novalis o. J., S. 399.

37 Coeckelbergh 2020.

38 Wie werden wir mit diesen Bio-Maschinen umgehen und wie behandeln sie uns? Vgl. Shanahan 2015, S. 192 ff.

39 Nesselrath, S. 227.

40 Zichy 2021.

41 Kurzweil 2013, S. 1.

42 Kurzweil 2013, S. 5. Shanahan 2015.

43 Gabrys 2013.

44 Braidotti 2016, S. 21.

45 Braidotti 2019, S. 122.

46 Heidegger 1993, S. 191.

47 Rosa 2016.

48 Rosa 2019, S. 45 f.

49 Rosa 2019, S. 7.

50 Heidegger 1976, S. 209.

51 Heidegger 1976, S. 209.

52 Heidegger 1976, S. 206.

53 Vgl. weiterführend: Pieper 2021, S. 12 f., Pieper 1984.

54 Vom Gebärwunsch des Menschen und der Wiederbelebung von den Toten vgl. Hustvedt 2018, S. 249.

55 Glaubrecht 2019.

56 Gates 2021, S. 41.

57 Gates 2021, S. 25.

58 IPCC 2022.

59 IPBES 2019.

60 Dauvergne 2020, S. 9.

61 Nick Bostrom diskutiert die verschiedenen existenziellen Risiken für die Menschheit und nimmt eine Klassifikation vor. Vgl. Bostrom 2018, S. 51–88; vgl. auch Ord 2020.

62 Floridi 2020. Vgl. auch den umfassenden Bericht von McKinsey 2018.

63 Teile des Anfangs dieses Kapitels stammen wortwörtlich aus meinem Artikel in der «Volkswirtschaft», vgl. Budelacci 2021.

64 UNO-Goals 2015.

65 Zur Thematik von Social Development vgl. Kirchschläger 2021, S. 414 ff.

66 Birnbacher 2016, S. 151 ff.

67 Gates 2021.

68 Art. 2.

69 Die Klimarahmenkonvention (United Nations Framework Convention on Climate Change, UNFCCC), Art. 2.

70 Fenner 2010, S. 223.

71 Jonas 2020.

72 Jonas 2020, S. 26.

73 Jonas 2020, S. 33.

74 Anders 2002, Band 1, S. 3.

75 Anders 2002, Band 1, S. 3.

76 Anders 2002, Band 1, S. 27.

77 Anders 2002, Band 1, S. 274.

78 Müller 2019. Zur Kritik des Begriffs des Anthropozäns vgl. Braidotti 2017; Müller 2019, S. 36 ff.; Coeckelbergh 2020, S. 192. Zum Anthropozän und zu der Zerstörung des Globus, vgl. Latour 2020, S. 193–211.

79 Für Floridi 2014, S. 205, war das Anthropozän aber auch eine «successful story». Auch Karl Jaspers sieht den Gang der Geschichte nicht nur als unheilvoll an. Vgl. Jaspers 1965, S. 330 ff.

80 Müller 2019, S. 30.

81 Müller 2019, S. 31.

82 Gates 2021, S. 22.

83 Der Sammelband von Vincent C. Müller vereinigt wichtige Beiträge zu der Frage und untersucht, welche Massnahmen man ergreifen muss, damit KI zum Wohl des Menschen eingesetzt wird. Müller 2020.

84 Habermas 2021, S. 313.

85 Gess 2021.

86 MacIntyre 2018.

87 Im Anschluss an Hannah Arendt, vgl. Gess 2021, S. 1.

88 Postman 1991, S. 23.

89 Postman 1991, S. 12.

90 Habermas 2021, S. 248 ff.

91 Vgl. Bogner 2021, S. 39 ff.

92 Vgl. Bogner 2021, S. 39.

93 Floridi 2018, S. 691.

94 WEF 2020, S. 36.

95 PWC 2018a, S. 15.

96 Vgl. PWC 2018a, S. 5, sowie PWC 2018b. Eine Analyse von Mythen und Wahrheiten der Arbeit 4.0 findet sich bei Grimm 2019, S. 188–205. Jordan 2016, S. 97–132.

97 Samochowiek 2020, S. 59.

98 Nachhaltigkeit kann auch durch Repression und Überwachung, und unterstützt von KI, verhindert werden. Zu den Schattenseiten von KI vgl. Dauvergne 2020, S. 147–162.

99 Bentham 2013.

100 Foucault 2021 sowie auch in den Vorlesungen zur Biopolitik in: Foucault 2020.

101 Foucault 2021, S. 263.

102 Foucault 2021, S. 262.

103 Foucault 2021, S. 260.

104 Foucault 2021, S. 258. Zum Vergleich des Internets mit dem Panoptikum vgl. Simanowski 2014, S. 134 ff. Zum digitalen Panoptikum in der Kontrollgesellschaft: Han 2013, S. 74–82.

105 Zu den Anfängen von KI vgl. Bleakley 2020, S. 80 ff. Die Geschichte der Dartmouth-Konferenz vgl. McCorduck 2018, S. 111–136.

106 Fuchs 2020, S. 59 spricht von einer «Fehlbezeichnung».

107 McCarthy 2006, o. S.

108 McCarthy 2006, o. S.

109 Damasio 2021, S. 157.

110 Ich danke Nora Brunner-Schaub für diesen Hinweis aus dem Bereich der medizinischen Diagnostik.

111 Lämmle 2020, S. 10.

112 Lämmle 2020, S. 10. Dort finden sich auch weitere Beispiele zur Definition von KI.

113 Lämmle 2020, S. 11.

114 Damasio 2021, S. 158.

115 Russell 2004, S. 21.

116 Gardner 2011, S. IX.

117 Gardner 2011 S. XIX.

118 Battro 2009, S. 1; Gardner 2011, S. XXI.

119 Battro 2009.

120 Battro 2009, S. 543.

121 Battro 2009, S. 543; zur Heuristik des Suchens: Boden 2016, S. 23.

122 Angehrn 2003, S. 24.

123 Searle 1980, S. 417.

124 Searle 1980, S. 417.

125 Searle 1980, S. 417.

126 Searle 1980, S. 418.

127 Searle 1980, S. 418.

128 Searle 1980, S. 419.

129 Turing 1950.

130 Descartes 2011, S. 97.

131 Turing 1950, S. 442.

132 Turing 1950, S. 442.

133 Turing 1950, S. 433.

134 Turing 1950, S. 443.

135 Turing 1950, S. 444.

136 Zu den mathematischen Grundlagen: Priese 2018, S. 165. Zitzler 2017, S. 15–41.

137 Petzold 2008.

138 Damasio 2021, S. 43.

139 Homer o. J., 18. Gesang, Zeile 375 ff.

140 Ezechiel 1,19.

141 Sennet, S. 119.

142 Sennet, S. 119 f.

143 Vgl. die Beschreibung von Vaucanson in Westermann 2010, S. 114.

144 Westermann 2010, S. 115.

145 Westermann 2010, S. 116.

146 Weiterführend siehe Moravec 1988, S. 65 f. und Crawford 2021a, S. 69 ff.

147 Boden 2016, S. 8.

148 Menebrae 2020, S. 7.

149 Menebrae 2020, S. 24.

150 Jäger 2017, o. S.

151 Jäger 2017, o. S.

152 Bleakley 2020, S. 59 ff.

153 Mitchell 2019, S. 3–26. Einen Überblick über die wichtigsten Entwicklungsschritte von KI, mit anderen Schwerpunktsetzungen: Russell 2004, S. 36–54.

154 Vgl. Moravec 1988, S. 15.

155 Wooldridge 2020, S. 65.

156 Wooldridge 2020, S. 66.

157 Zur Auseinandersetzung von Searle mit SHRDLU vgl. Searle 1980, S. 417.

158 Zur Geschichte von ELIZA: Basset 2019.

159 Weizenbaum 1978.

160 Shortliffe 1975; Bleakley 2020, S. 177 ff. schildert die Entwicklung von Expertensystemen wie MYCIN.

161 Lighthill 1972.

162 Diese Diagnose der Stagnation stellte Hubert Dreyfus bereits im Jahr 1965. Vgl. Dreyfus 1965, S. 9–17. Ausführlich zu Dreyfus: McCorduck 2018, S. 211–242.

163 Wooldridge 2020, S. 114.

164 Lenat, S. 65.

165 Lenat, S. 66.

166 Brooks 1986, S. 17.

167 Brooks 1991, S. 158 (Übersetzung des Autors aus dem Englischen).

168 Hustvedt 2018, S. 255.

169 Moravec 1998, o. S.

170 Vgl. Hessler 2017.

171 Hessler 2017, S. 2.

172 Vgl. Fuchs 2020, S. 47.

173 Marcus 2019, S. 13.

174 Moravec 1998, o. S.

175 Moravec 1998, o. S.

176 Jones 2006, S. 76.

177 Jones 2006, S. 77.

178 Zur trügerischen Sicherheit von lebensweltlichem Erfahrungswissen vgl. Soyr 2020.

179 Zu den technischen Grundlagen von Deep Learning: Louridas 2020, S. 181–230. Smith 2019, S. 47–53. Kelleher 2019.

180 Wooldridge 2020, S. 213.

181 Boehm et al. 2014a.

182 Boehm et al. 2014a, S. 261.

183 Boden 2016, S. 67 ff. Im Folgenden wird auf der Grundlage der Differenzierung von Margret Boden die Unterscheidung weiter ausdifferenziert.

184 Du Sautoy 2020.

185 Zakharyan, 2019.

186 Weitere Beispiele bei Rauterberg 2021, S. 31 ff. sowie Harari 2017, S. 497 ff.

187 Stalder 2017, S. 151–164.

188 Eine fundierte Analyse von «recommendation engines» bei Schrage 2020.

189 Netflix 2022; Den Hinweis auf Netflix verdanke ich dem Kollegen Andres Wanner. Vgl. seinen Artikel zur Kreativität von KI, Wanner 2021.

190 Vgl. auch Rauterberg 2021, S. 26 ff.

191 Moravec 1999, S. 70 ff.

192 Vgl. Moravec 1999, S. 70 ff. Tegmark 2017, S. 53.

193 Vgl. Fuchs 2020, S. 59 zur Unterscheidung von Mensch und Maschine bzw. menschlicher und künstlicher Intelligenz.

194 Bieri 2011, S. 11 ff.

195 Hartung 2020.

196 Kant 1996, S. 448.

197 Bruno Latour möchte nicht von Krise sprechen, weil dies impliziert, dass sie vorübergeht. Das ökologische Desaster der Erde wird aber nicht vorbeigehen. Latour 2020, S. 21–26.

198 Vgl. Bertram 2018, S. 9 und 75.

199 Vgl. Boehm 2014b. Zur Vielfalt gegenwärtiger Identitätsdiskurse: Coulmas 2019.

200 Floridi 2010, S. 87 ff.

201 Kuhn 2012.

202 Kuhn 2012, S. 111.

203 Kuhn 2012, S. 117.

204 Eine philosophische Situierung bei Hartung 2020, S. 48–53.

205 Vgl. Floridi 2014, S. 89 f.

206 Henning 2012, S. 23.

207 Locke 2020, S. 335 f. Eine ausführliche Analyse und Kontextualisierung bei Taylor 1996, S. 288–318.

208 Williams, S. 1.

209 Williams, S. 51 ff.

210 Plutarch 1995.

211 Henning 2012, S. 28 f.

212 Weiterführend Torey 2014, S. 121–129.

213 Vgl. Goffman 2006.

214 Neff 2016, S. 9.

215 Floridi 2015.

216 Lampedusa 2019, S. 36.

217 Zur Verwechslung von Transparenz mit Überwachung vgl. Simanowski 2014, S. 28–33.

218 Neff 2016, S. 42.

219 Tschopp 2020.

220 Diesen Hinweis verdanke ich Marisa Tschopp.

221 Tschopp 2020.

222 Tschopp 2020.

223 Vgl. Tschopp 2022, S. 14.

224 Mitchell 2019, S. 141–157.

225 Floridi 2018, S. 695.

226 Beauchamp 2019, S. 99–326.

227 Vgl. Misselhorn 2019, S. 136–155.

228 Hacque 2017.

229 Bartneck 2019, S. 40 ff.

230 Floridi 2018, S. 698.

231 Coeckelbergh 2020, S. 6 ff.

232 Bartneck 2019, S. 51.

233 Kritisch hinsichtlich der Transparenzforderung: Bartneck, S. 51. Zustimmend: Meyer 2021, S. 68. Kritisch zur Transparenz- und Positivgesellschaft: Han 2013.

234 Bartneck 2019, S. 53.

235 Grundlegende Überlegungen zu Vertrauen und Verantwortung bei Ottmann 1992.

236 Ausführlicher beispielsweise Fenner, S. 3.

237 Zur Etymologie vgl. Pieper 1994, S. 26.

238 Pieper 1994, S. 44.

239 Vgl. Lutz-Bachmann 2013, S. 13.

240 Lutz-Bachmann 2013, S. 13.

241 Ausführlich zu begrifflichen Unterscheidungen zwischen Angewandter Ethik und Bereichsethik vgl. Fenner 2010, S. 13.

242 Vgl. Misselhorn 2019, S. 184–204.

243 Einen sehr differenzierten und klaren Überblick über den Diskussionsstand findet man bei Henning 2019, S. 103–117, sowie Evans 2020. Erste technische Überlegungen finden bei John McCarthy bereits 1968 in seinem Aufsatz «Computer Controlled Cars» statt. McCarthy 1968.

244 Zum Entwicklungsstand vgl. Carsten 2021.

245 https://waymo.com/.

246 Thomson 2021.

247 Einen Überblick findet man bei Birnbacher 2013, S. 173–240.

248 Birnbacher 2013, S. 113–172.

249 https://www.moralmachine.net/.

250 Awad 2018.

251 Awad 2018, S. 62.

252 Simanowski 2020; zur Moral Machine vgl. S. 27 ff.

253 Diesen Hinweis verdanke ich Peter A. Schmid.

254 Ich danke Kate Evans für weiterführende Literaturhinweise. Vgl. Evans 2020.

255 Kant 1985, S. 55.

256 Han 2021, S. 30.

257 Vgl. Frick 2020, S. 25–48.

258 Zu Menschenrechten und Nudging vgl. Kirchschläger 2021, S. 306 ff. Ebenso zu Menschenrechten als einem ethischen Referenzrahmen, Kirchschläger 2021, S. 146 ff.

259 Reisch 2020.

260 Thaler 2008, S. 6.

261 Zur Definition von *bias* vgl. Crawford 2021a, S. 133 ff.

262 Wachter 2021, S. 7. Bei dem von Sandra Wachter diskutierten Beispiel geht es um *bias* bei der Vorhersage von Abschlussnoten mittels des Ofqual-Algorithmus.

263 Vgl. Coeckelbergh 2020, S. 125 ff.

264 Buolamwini/Gebru 2018. Zur Konstruktion von *race* und *gender* vgl. Crawford 2021a, S. 144 ff.

265 Buolamwini/Gebru 2018, S. 8.

266 Vgl. Meyer 2021, S. 22 ff. Tsamados 2022.

267 Malavé 2021, S. 1119.

268 Zu den Arbeitsbedingungen bei Amazon, Crawford 2021a, S. 84 f.

269 Vgl. Crawford 2021a, S. 140 ff. Zur Entstehungsgeschichte von Imagenet, Mitchell 2019, S. 89–108.

270 Ich danke Nicolas Malavé für Literaturhinweise.

271 Crawford 2021b, o. S., sowie Crawford 2021a, S. 97.

272 Vgl. auch Bertrand 2021.

273 https://www.nist.gov/srd/nist-special-database-18.

274 Vgl. Crawford 2021a, S. 94.

275 Buolamwini 2018, S. 2.

276 Grundlegend: Gebru 2021.

277 Orwat 2019, S. 34.

278 Vgl. Bartneck 2019, S. 91 ff.

279 Vgl. Coeckelbergh 2020, S. 97 ff.

280 Binder 2021.

281 Binder 2021, S. 8.

282 Floridi 2020, S. 1784.

283 www.faception.com.

284 Zu Cesare Lombroso und Johann Caspar Lavater vgl. Meyer 2021, S. 31 f.

285 https://www.clearview.ai/.

286 Zu Clearview und weiteren Gesichtserkennungsapplikationen vgl. Meyer 2021, S. 6 ff.

287 Solove 2008, S. 5.

288 Kant 1993, S. 569.

289 https://digital-strategy.ec.europa.eu/en/library/ethics-guidelines-trustworthy-ai.

290 Ebd.

291 Ebd.

292 https://ec.europa.eu/commission/presscorner/detail/de/ip_21_1682.

293 Braun Binder 2021, S. 5.

294 https://ai.google/principles/.

295 WHO 2021.

296 Burkhardt 2019.

297 www.algorithmwatch.com.

298 Eine Analyse von 22 ethischen Leitlinien bei Hagendorf 2020.

299 https://algorithmwatch.org/en/ai-ethics-guidelines-global-inventory/.

300 Floridi 2019, S. 184.

301 Floridi 2019, S. 186.

302 Budelacci 2005.

303 Ich danke Cornelia Diethelm für die wertvollen Hinweise zu Regulierungen und Leitlinien in der Schweiz und in der Welt. Vgl. auch den Überblick über Regulierungen, Strategien und Leitlinien auf https://www.aiethicist.org/.

304 Rümelin 2018.

305 Pieper 1998, S. 20.

306 KI als Alltagsassistenz vgl. Ramge 2018, S. 53–66.

307 Zum Weltuntergang durch Technik in Film und Kulturgeschichte vgl. Reuter 2020, S. 41–53.

308 Jackson 1982, S. 130.

309 Jackson 1982, S. 127.

310 Nagel 1974, S. 438.

311 Nagel 1974, S. 439.

312 Proust 1997, S. 67.

313 Searle 2001, S. 57.

314 Vgl. Koch 2020, S. 1.

315 Die Forschung beschäftigt sich mit der Frage, ob Roboter Schmerzen empfinden können. Vgl. Misselhorn 2021, S. 75–90.

316 Nicolai 1990.

317 Vgl. Kaminsky 2021.

318 Asimov 2013, o. S. (Übersetzung des Autors aus dem Englischen).

319 Assmann 2015, S. 157.

320 Assmann 2015, S. 24.

321 Ball 2020, o. S.

322 Ball 2020, o. S.

323 Ball 2020, o. S.

324 Vgl. Nagel 1987, S. 8 ff.

325 Descartes 1991, S. 47.

326 Putnam 1981, S. 6

327 Nick Bostrom (* 1973) führt diese Überlegungen weiter und fragt danach, wie viel Rechenleistung es benötigt, um die ganze Menschheitsgeschichte zu simulieren. Bostrom 2018, S. 197.

328 Putnam 1981, S. 13.

329 Futuristisches Manifest, Absatz 4.

330 Die italienischen Futuristen und ihr positives Verhältnis zur Technik vgl. Montfort 2017, S. 43–58.

331 Dürrenmatt 1998, S. 69.

332 Vgl. Payrhuber 2001, S. 26 ff.

333 Exodus 32,1–29.

334 Exodus 24,18.

335 Ich danke Fabian Ille für diesen Hinweis.

Literaturverzeichnis

Anders, Günther: Die Antiquiertheit des Menschen 1. Über die Seele im Zeitalter der zweiten industriellen Revolution, München 2002.

Anders, Günther: Die Antiquiertheit des Menschen 2. Über die Zerstörung des Lebens im Zeitalter der dritten industriellen Revolution, München 2002.

Angehrn, Emil: Interpretation und Dekonstruktion. Untersuchungen zur Hermeneutik, Göttingen 2003.

Asimov, Isaac: I, Robot, London 2013.

Asprey, Dave: Superhuman. The Bulletproof Plan to Age Backwards and Maybe Even Live for Ever, London 2019.

Asprey, Dave: Game Changers. What Leaders, Innovators, and Mavericks Do to Win at Life, New York 2018.

Assmann, Jan: Exodus. Die Revolution der Alten Welt, München 2015.

Awad, E., Dsouza, S., Kim, R. et al.: The Moral Machine experiment. Nature 563, 2018, S. 59–64. https://doi.org/10.1038/s41586-018-0637-6 (abgerufen am 15.05.2022).

Ball, Matthew: The Metaverse: What It Is, Where to Find it, and Who Will Build It, 2020. Verfügbar unter: https://www.matthewball.vc/all/themetaverse (abgerufen am 15.05.2022).

Bartneck, Christoph, Lütge, Christoph, Wagner, Alan, Welsh, Sean: Ethik in KI und Robotik, München 2019.

Basset, Caroline: The computational therapeutic: exploring Weizenbaum's ELIZA as a history of the present, in: AI Society 34, 2019, S. 803–812. https://doi.org/10.1007/s00146-018-0825-9.

Battro, Antonio M.: Digital Intelligence: The Evolution of a New Human Capacity, in: Arber, Werner (Hrsg.): The proceedings of the Plenary session on Scientific Insights into the Evolution of the Universe and of Life, Vatikanstadt 2009, S. 539–552.

Bauer, Thomas: Die Vereindeutigung der Welt. Über den Verlust an Mehrdeutigkeit und Vielfalt, Stuttgart 2020.

Beauchamp, Tom, Childress, James: Principles of Biomedical Ethics. 6th Edition, Oxford 2019.

Bentham, Jeremy: Das Panoptikum, Berlin 2013.

Bertram, Georg W.: Was ist der Mensch? Warum wir nach uns fragen, Stuttgart 2018.

Bertrand, Ann-Christin: Know your terrorist credit score! Or: the politics of training images, in: Keller, Milo, Gunti, Klaus, Amoser, Florian: Automated Photography, Lausanne 2021, S. 81–87.

Bieri, Peter: Wie wollen wir leben? St. Pölten – Salzburg 2011.

Binder Braun, Nadja, Burri, Thomas, Lohmann, Melinda Florina, Simmler, Monika, Thouvenin, Florent, Vokinger, Kerstin Noëlle: Künstliche Intelligenz: Handlungsbedarf im Schweizer Recht, in: Jusletter 28. Juni 2021. Verfügbar unter: https://jusletter.weblaw.ch/juslissues/2021/1072/kunstliche-intellige_aad585e523.html__ONCE&login=false (abgerufen am 15.05.2022).

Birnbacher, Dieter: Klimaethik. Nach uns die Sintflut? Stuttgart 2016.

Birnbacher, Dieter: Analytische Einführung in die Ethik, Berlin – Boston 2013.

Bleakley, Chris: Poems that Solve Puzzles. The History and Science of Algorithms, London 2020.

Boden, Margret A.: AI. It's nature and future, Oxford 2016.

Boehm, Gottfried, Alloa, Emmanuel, Budelacci, Orlando, Wildgruber, Gerald (2014a): Imagination. Suchen und Finden, München 2014.

Boehm, Gottfried, Budelacci, Orlando, Di Monte, Maria Giuseppina, Renner, Michael (2014b): Gesicht und Identität, München 2014.

Bogner, Alexander: Die Epistemisierung des Politischen. Wie die Macht des Wissens die Demokratie gefährdet, Stuttgart 2021.

Bostrom, Nick: Die Zukunft der Menschheit, Berlin 2018.

Braidotti, Rosi: Die Materie des Posthumanen. Kontexte und Ausblicke des neuen Materialismus, in: Springerin, No. 1, 2016, S. 16–21.

Braidotti, Rosi: Posthuman. All Too Human: The Memoirs and Aspirations of a Posthumanist. The Tanner Lectures on Human Values, Yale University 2017. Verfügbar unter: https://tannerlectures.utah.edu/lecture-library.php#b (abgerufen am 22.05.2022).

Braidotti, Rosi: The Posthuman Knowledge, Cambridge 2019.

Brooks, Rodney A.: A Robust Layered Control System for a Mobile Robot, in: IEEE Journal on Robotics and Automation 2(1), 1986, S. 14–23. DOI:10.1109/JRA.1986.1087032.

Brooks, Rodney A.: Intelligence without representation, Artificial Intelligence 47, 1991, S. 139–159.

Buckland, Michael: Information and Society, Cambridge – London 2017.

Budelacci, Orlando: Künstliche Intelligenz. Kann sie unser Klima retten?, in: Die Volkswirtschaft, 11/2021, S. 42, 43.

Budelacci, Orlando: Gerechtigkeit als Staatsziel, in: Neumeier, Otto et al. (Hrsg.): Philosophische Perspektiven, Heusenstamm 2005, S. 67–72.

Bundesministerium für Verkehr und digitale Infrastruktur: Bericht der Ethik-Kommission. Automatisiertes und Vernetztes Fahren, 2017.

Buolamwini, Joy, Gebru, Timnit: Gender shades: Intersectional accuracy disparities in commercial gender classification, in: Conference on Fairness, Accountability and Transparency, 2018, S. 77–91.

Burkhardt, Roger, Hohn, Nicolas, Wigley, Chris: Leading your organization to responsible AI, 2019. Verfügbar unter: https://www.mckinsey.com/business-functions/quantumblack/our-insights/leading-your-organization-to-responsible-ai (abgerufen am 29.05.2022).

Carsten, Stefan: So weit ist Autonomes Fahren: 5 Level und ihre Entwicklungsstände, 2021. Verfügbar unter: https://www.zukunfts

institut.de/artikel/so-weit-ist-autonomes-fahren-5-level-und-ihre-entwicklungsstaende/ (abgerufen am 29.05.2022).
Cobb, Matthew: The Idea of the Brain, London 2021.
Coeckelbergh, Mark: AI Ethics, Cambridge – London 2020.
Coulmas, Florian: Identity. A Very Short Introduction, Oxford 2019.
Crawford, Kate (2021a): Atlas of AI. Power, Politics, and the Planetary Costs of Artificial Intelligence, New Haven – London 2021.
Crawford, Kate, Paglen, Trevor (2021b): Excavating AI. the politics of images in machine learning training sets, AI & Society, 2021. Verfügbar unter: https://excavating.ai/ (abgerufen am 28.05. 2022).

Damasio, Antonio: Wie wir denken, wie wir fühlen. Die Ursprünge unseres Bewusstseins, München 2021.
Dauvergne, Peter: AI in the Wild. Sustainability in the Age of Artificial Intelligence, Cambridge 2020.
Derrida, Jacques: Marx's Gespenster. Der Staat der Schuld, die Trauerarbeit und die neue Internationale, Frankfurt am Main 2004.
Descartes, René: Mediationes de prima philosophia, Hamburg 1992.
Descartes, René: Discours de la Méthode, Hamburg 2011.
Dreyfus, Hubert L.: Alchemy and Artificial Intelligence, 1965, Manuskript. Verfügbar unter: https://www.rand.org/pubs/papers/P3244.html (abgerufen am 04.06.2022).
Du Sautoy, Marcus: The Creativity Code. How AI is Learning to Write, Paint and Think, London 2020.
Dürrenmatt, Friedrich: Die Physiker, Zürich 1998.

Eagleman, David: The Brain. The Story of You, Edinburgh 2015.
Eagleman, David: Livewired. The Inside Story of the Ever-Changing Brain, Edinburgh 2020.
Ehrenberg, Alain: Das erschöpfte Selbst. Depression und Gesellschaft in der Gegenwart, Frankfurt am Main 2008.
Evans, Katherine, de Moura, Nelson, Chauvier, Stéphane et al.: Ethical Decision Making in Autonomous Vehicles: The AV Ethics Project, in: Science and Engineering Ethics 26, 2020, S. 3285–3312.

Fenner, Dagmar: Einführung in die angewandte Ethik, München 2010.

Flasch, Kurt: Das philosophische Denken im Mittelalter. Von Augustin zu Machiavelli, Stuttgart 2000.

Floridi, Luciano: Information. A Very short Introduction, Oxford 2010.

Floridi, Luciano: The Ethics of Information, Oxford 2013.

Floridi, Luciano: The 4th Revolution. How the Infosphere is reshaping Human Reality, Oxford 2014.

Floridi, Luciano (Hrsg.): The Onlife Manifesto. Being Human in a Hyperconnected Era, 2015. Verfügbar unter: https://doi.org/10.1007/978-3-319-04093-6. (abgerufen am 2.7.2022)

Floridi, Luciano et al.: AI4People – An Ethical Framework for a Good AI Society: Opportunities, Risks, Principles, and Recommendations, in: Minds and Machines, 2018, S. 689–707.

Floridi, Luciano: Translating Principles into Practices of Digital Ethics: Five Risks of Being Unethical, in: Philosophy & Technology, Vol. 32, Iss. 2, Dordrecht, Jun 2019, S. 185–193. DOI:10.1007/s13347–019–00354.

Floridi, Luciano, Cowls, Josh, King, Thomas C., Taddeo, Mariarosaria: How to Design AI for Social Good: Seven Essential Factors, in: Science and Engineering Ethics 26, 2020, S. 1771–1796.

Foot, Philippa: Moral Dilemmas and other Topics in Moral Philosophy, Oxford 2002.

Foucault, Michel: Überwachen und Strafen. Die Geburt des Gefängnisses, Frankfurt am Main 2021.

Foucault, Michel: Die Geburt der Biopolitik. Geschichte der Gouvernementalität II, Frankfurt am Main 2020.

Frick, Marie-Louise: Mutig denken. Aufklärung als Prozess, Stuttgart 2020.

Fuchs, Thomas: Verteidigung des Menschen. Grundfragen einer verkörperten Anthropologie, Berlin 2020.

Gabrys, Jennifer: Digital rubbish. A natural history of electronics, University of Michigan 2013.

Gardner, Howard: Frames of Mind. The Theory of Multiple Intelligences, New York 2011.

Gates, Bill: How to Avoid a Climate Disaster. The Solutions We Have and the Breakthroughs We Need, Dublin 2021.

Gebru, Timnit, Morgenstern, Jamie, Vecchione, Briana et al.: Datasheets for Datasets, in: CACM 2021. Verfügbar unter: https://doi.org/10.48550/arXiv.1803.09010 (abgerufen am 05.06.2022).

Gess, Nicola: Halbwahrheiten. Zur Manipulation von Wirklichkeit, Berlin 2021.

Goffman, Erving: Wie alle spielen Theater. Die Selbstdarstellung im Alltag. München 2006.

Grimm, Petra, Keber, Tobias O., Zöllner, Oliver (Hrsg.): Digitale Ethik. Leben in vernetzten Welten, Stuttgart 2020.

Habermas, Jürgen: Strukturwandel der Öffentlichkeit, Frankfurt am Main 2021.

Hacque, Albert, Guo, Michelle, Alahi, Alexandra et al.: Towards Vision-Based Smart Hospitals: A System for Tracking and Monitoring Hand Hygiene Compliance, in: Machine Learning for Healthcare, 2017. Verfügbar unter: arXiv:1708.00163 (abgerufen am 30.12.2021).

Hagendorff, Thilo: The Ethics of AI Ethics: An Evaluation of Guidelines, in: Minds and Machines 30, 2020, S. 99–120. https://doi.org/10.1007/s11023-020-09517-8.

Han, Byung-Chul: Transparenzgesellschaft, Berlin 2013.

Han, Byung-Chul: Palliativgesellschaft. Schmerz heute, Berlin 2020.

Han, Byung-Chul (2021a): Undinge. Umbrüche der Lebenswelt, Berlin 2021.

Han, Byung-Chul (2021b): Infokratie. Digitalisierung und die Krise der Demokratie, Berlin 2021.

Harari, Yuval Noah: Homo Deus. Eine Geschiche von Morgen, München 2017.

Haraway, Donna R.: Simians, Cyborgs, and Women. The Reinvention of Nature, London 1991.

Hartung, Gerald: Philosophische Anthropologie, Stuttgart 2020.

Hawkins, Jeff: A thousand brains. A new theory of intelligence, New York 2021.

Heidegger, Martin: «Nur noch ein Gott kann uns retten», Spiegel-Gespräch mit Martin Heidegger am 23. September 1966, in: Der Spiegel, Nr. 23, 31. Mai 1976, S. 193–219.

Heidegger, Martin: Sein und Zeit, Tübingen 1993.

Henning, Tim: Personale Identität und personale Identitäten. Ein Problemfeld der Philosophie, in: Petzold, Hilarion (Hrsg.), Identität, Wiesbaden 2012. DOI 10.1007/978-3-531-93079-4_1.

Henning, Tim: Allgemeine Ethik, Paderborn 2019.

Hessler, Martina: Der Erfolg der «Dummheit». Deep Blues Sieg über den Schachweltmeister Garri Kasparov und der Streit über seine Bedeutung für die Künstliche Intelligenz-Forschung, in: NTM International Journal of History & Ethics of Natural Sciences Technology & Medicine, April 2017, S. 1–33.

Homer: Ilias, in der Übersetzung von Johann Heinrich Voss, o .J., Projekt Gutenberg. Verfügbar unter: https://www.projekt-gutenberg.org/homer/ilias (abgerufen am 15.05.2022).

Hustvedt, Siri: Die Illusion der Gewissheit, Hamburg 2018.

IPBES, 2019: Global assessment report on biodiversity and ecosystem services of the Intergovernmental Science-Policy Platform on Biodiversity and Ecosystem Services. E. S. Brondizio, J. Settele, S. Díaz, H. T. Ngo (eds.). IPBES secretariat, Bonn, Germany, 1148 pages. https://doi.org/10.5281/zenodo.3831673.

IPCC, 2022: Climate Change 2022: Impacts, Adaptation, and Vulnerability. Contribution of Working Group II to the Sixth Assessment Report of the Intergovernmental Panel on Climate Change. H.-O. Pörtner, D. C. Roberts, M. Tignor, E. S. Poloczanska, K. Mintenbeck, A. Alegría, M. Craig, S. Langsdorf, S. Löschke, V. Möller, A. Okem, B. Rama (eds.). Cambridge University Press.

Jackson, Frank: What Mary Didn't Know, in: The Journal of Philosophy, Vol. 83, Iss. 5, May 1986, S. 291–295.

Jackson, Frank: Epiphenomenal Qualia, in: The Philosophical Quarterly, Vol. 32, No. 127, Apr 1982, S. 127–136.

Jäger, Matthias: Teufner entwickelte einen der ersten Roboter. Sabor – Ein Tüüfner Chopf der dritten Art, in: Tüüfner Poscht. Die Dorfzeitung von Teufen, 14. Oktober 2017. Verfügbar unter: https://www.tposcht.ch/news/teufner-entwickelte-einen-der-ersten-roboter/ (abgerufen am 05.06.2022).

Jaspers, Karl: Die geistige Situation der Zeit, Berlin – New York 1979.

Jaspers, Karl: Die Atombombe und die Zukunft des Menschen. Politisches Bewusstsein in unserer Zeit, München 1964.

Jonas, Hans: Das Prinzip Verantwortung, Frankfurt 2020.

Jones, Joseph: Robots at the tipping point: the road to IRobot Roomba, in: IEEE Robotics & Automation Magazine, Apr 2006, S. 76–78.

Jordan, John: Robots, Cambridge – London 2016.

Kaminsky, Inbar: Do robots dream of escaping? Narrativity and ethics in Alex Garland's Ex Machina and Luke Scott's Morgan, in: AI & Society 36, 2021, S. 349–359.

Kant, Immanuel: Was ist Aufklärung? Aufsätze zur Geschichte und Philosophie, Göttingen 1985.

Kant, Immanuel: Die Metaphysik der Sitten, Werkausgabe, Band VIII, hrsg. von Wilhelm Weischedel, Frankfurt am Main 1993.

Kant, Immanuel: Vorlesungen zur Logik (Jäsche-Logik), in: Werkausgabe, Band VI, hrsg. von Wilhelm Weischedel, Frankfurt am Main 1996.

Kaufmann, Walter: Nietzsche, Darmstadt 1982.

Kelleher, John D.: Deep Learning, Cambridge – London 2019.

Kelletat, Alfred: Novalis. Werke und Briefe in einem Band, München 1953.

King, Vera, Gericht, Benigna, Rosa, Harmut (Hrsg.): Lost in Perfection. Zur Optimierung von Gesellschaft und Psyche, Berlin 2021.

Kirchschläger, Peter G.: Digital Transformation and Ethics. Ethical Consideration on the Robotization and Automation of Society and the Economy and the Use of Artificial Intelligence, Baden-Baden 2021.

Koch, Christof: Bewusstsein – Warum es weit verbreitet ist, aber nicht digitalisiert werden kann, Berlin 2020.

Kuhn, Thomas S.: The Structure of Scientific Revolutions, Chicago – London 2012.

Kurzweil, Ray: How to Create a Mind. The Secret of Human Thought Revealed, New York 2013.

La Mettrie, Julien Offray de: L'Homme machine. Der Mensch eine Maschine, Stuttgart 2015.

Lämmel, Uwe, Cleve, Jürgen: Künstliche Intelligenz. Wissensverarbeitung – Neuronale Netze, München 2020.

Lampedusa, Giuseppe Tomasi di: Der Leopard, München 2019.

Latour, Bruno: Kampf um Gaia. Acht Vorträge über das Klimaregime, Berlin 2020.

Lighthill, James: Artificial Intelligence: A General Survey, Cambridge 1972. Verfügbar unter: http://www.chilton-computing.org.uk/inf/literature/reports/lighthill_report/p001.htm (abgerufen am 21.02.2022).

Locke, John: An Essay Concerning Human Understanding. Ein Versuch über den menschlichen Verstand, Stuttgart 2020.

Louridas, Panos: Algorithms, Cambridge – London 2020.

Löwith, Karl: Weltgeschichte und Heilsgeschehen. Die theologischen Voraussetzungen der Geschichtsphilosophie, Stuttgart 2004.

Lutz-Bachmann, Matthias: Grundkurs Philosophie. Band 7, Ethik, Stuttgart 2013.

Malavé, Nicolas: On the data sets ruin's. AI & Society, Vol. 36, Iss. 4, Dec 2021, S. 1117–1131. Verfügbar unter: https://doi.org/10.1007/s00146-020-01093-w (abgerufen am 15.05.2022).

Marcus, Gary, Davis, Ernest: Rebooting AI. Building Artificial Intelligence We Can Trust, New York 2019.

McCarthy, John: Computer Controlled Cars, Stanford 1968. Verfügbar unter: http://www-formal.stanford.edu/jmc/ (abgerufen am 12.12.2021).

McCarthy, John: The Darthmouth Workshop – as planned and as it happened, Oct 2006. Verfügbar unter: http://www-formal.stanford.edu/jmc/slides/dartmouth/dartmouth/node1.html (abgerufen am 14.05.2022).

McCarthy, John: A Proposal for the Dartmouth Summer Research Project on Artificial Intelligence. Proposal for the Dartmouth Summer Research Project on Artificial Intelligence, Aug 1955. AI Magazine 27(4), Winter 2006. https://doi.org/10.1609/aimag.v27i4.1904 (abgerufen am 14.05.2022).

McCorduck, Pamela: Machines who think, Boca Raton 2018.

McIntyre, Lee: Post-Truth, Cambridge – London 2018.

McKinsey: Notes from the AI frontier: Applying AI for Social Good, 2018. Verfügbar unter: https://www.mckinsey.com/featured-insights/artificial-intelligence/applying-artificial-intelligence-for-social-good (abgerufen am 14.05.2022).

Menebrea, L. F.: Sketch of The Analytical Engine Invented by Charles Babbage, o. O., 2020.

Meyer, Roland: Gesichtserkennung. Vernetzte Bilder, körperlose Masken, Berlin 2021.

Mirandola, Pico della: De hominis dignitate. Über die Würde des Menschen, Stuttgart 2020.

Misselhorn, Catrin: Künstliche Intelligenz und Empathie. Vom Leben mit Emotionserkennung, Sexrobotern & Co., Stuttgart 2021.

Misselhorn, Catrin: Grundfragen der Maschinenethik, Stuttgart 2019.

Mitchell, Melanie: A Guide for Thinking Humans, New York 2019

Montfort, Nick: The Future, Cambridge – London 2017.

Moravec, Hans: Mind Children. The Future of Robot and Human Intelligence, Cambridge – London 1988.

Moravec, Hans: When will computer hardware match the human brain?, in: Journal of Evolution and Technology, Vol. 1, 1998, o. S.

Müller, Michael (Hrsg.): Paul J. Crutzen. Das Anthropozän. Schlüsseltexte des Nobelpreisträgers für das neue Erdzeitalter, München 2019.

Müller, Vincent C.: Risks of Artificial Intelligence, Boca Raton 2020.

Müller-Mall, Sabine: Freiheit und Kalkül. Die Politik der Algorithmen, Stuttgart 2020.

Nagel, Thomas: What Does It All Mean? New York – Oxford 1987.
Nagel, Thomas: What It Is Like to Be a Bat?, in: The Philosophical Review, Vol. 83, No. 4, 1974, S. 435–450.
Neff, Gina, Nafus, Dawn: Self-Tracking, Cambridge – London 2016.
Nicolai, Walter: Euripides Dramen mit rettendem Deus ex machina, Heidelberg 1990.
Nida-Rümelin, Julian, Weidenfeld, Nathalie: Digitaler Humanismus. Eine Ethik für das Zeitalter der Künstlichen Intelligenz, München 2018.
Nietzsche, Friedrich: Kritische Studienausgabe, hrsg. von Giorgio Colli und Mazzino Montinari. Werke in 15 Einzelbänden, Berlin – New York 1988.
Netflix: The Power of a picture. Verfügbar unter: https://about.netflix.com/en/news/the-power-of-a-picture (abgerufen am 15.05.2022).
Novalis: Werke und Briefe in einem Band, hrsg. von Alfred Kelletat, München o. J.

Ord, Toby: The Precipice. Existential risk and the future of mankind, New York 2020.
Orwat, Carsten: Diskriminierungsrisiken durch Verwendung von Algorithmen. Antidiskriminierungsstelle des Bundes, 2019. Verfügbar unter: https://www.antidiskriminierungsstelle.de/SharedDocs/downloads/DE/publikationen/Expertisen/studie_diskriminierungsrisiken_durch_verwendung_von_algorithmen.html (abgerufen am 15.05.2022).
Ottmann, Henning: Philosophie und Politik bei Nietzsche, Berlin – New York 1987.
Ottmann, Henning: Verantwortung und Vertrauen als normative Prinzipien der Politik, in: Gloy, Karen (Hrsg): Demokratietheorie. Ein West-Ost-Dialog, Basel 1992, S. 19–29.

Payrhuber, Franz-Josef: Friedrich Dürrenmatt. Die Physiker, Stuttgart 2001.

Petzold, Charles: The Annotated Turing. A Guided Tour through Alan Turing's Historic Paper on Computability and the Turing Machine, Indianapolis 2008.

Pieper, Annemarie: Albert Camus, München 1984.

Pieper, Annemarie: Einführung in die Ethik, Tübingen – Basel 1994.

Pieper, Annemarie: «Ein Seil, geknüpft zwischen Thier und Übermensch». Philosophische Erläuterungen zu Nietzsches *Also Sprach Zarathustra* von 1883, Basel 2010.

Pieper, Annemarie: Denkanstösse. Zu unseren Sinnfragen, Basel 2021.

Plutarch, Vita Thesei 23, Übersetzung von Wilhelm K. Essler, in: Was ist und zu welchem Ende betreibt man Metaphysik?, Dialectica 49, 1995, S. 281–315.

Portney, Kent E.: Sustainability, Cambridge – London 2015.

Postman, Neil: Wir amüsieren uns zu Tode: Urteilsbildung im Zeitalter der Unterhaltungsindustrie, Frankfurt am Main 1991.

Priese, Lutz, Erk, Katrin: Theoretische Informatik. Eine umfassende Einführung, Berlin 2018.

Proust, Marcel: Auf der Suche nach der verlorenen Zeit. In Swanns Welt, Frankfurt am Main 1997.

Putnam, Hilary: Reason, Truth and History, Cambridge 1981.

PWC (2018a): Welche Farbe hat Ihre Zukunft? Digitalisierung und die Arbeitswelt der Zukunft, Digitaltag 2018. Verfügbar unter https://www.pwc.ch/de/insights/digital/welche-farbe-hat-ihre-zukunft.html (abgerufen am 14.05.2022).

PWC (2018b): The Workforce of the future. The competing forces shaping 2030. .Verfügbar unter: https://www.pwc.com/gx/en/services/people-organisation/publications/workforce-of-the-future.html (abgerufen am 14.05.2022).

Ramge, Thomas: Mensch und Maschine. Wie Künstliche Intelligenz und Roboter unser Leben verändern, Stuttgart 2018.

Rauterberg, Hanno: Über den Traum von der kreativen Maschine, Frankfurt am Main 2021.

Reisch, Lucia A.: Nudging hell und dunkel: Regeln für digitales Nudging, in: Wirtschaftsdienst. Zeitschrift für Wirtschaftspolitik, 100. Jg., Heft 2, 2020, S. 87–91.

Reuter, Ingo: Weltuntergänge. Vom Sinn der Endzeit-Erzählungen, Stuttgart 2020.

Rosa, Hartmut: Beschleunigung und Entfremdung. Entwurf einer kritischen Theorie spätmoderner Zeitlichkeit, Berlin 2013.

Rosa, Hartmut: Resonanz. Eine Soziologie der Weltbeziehung, Berlin 2016.

Rosa, Hartmut: Unverfügbarkeit, Wien – Salzburg 2019.

Russell, Stuart, Norvig, Peter: Künstliche Intelligenz. Ein moderner Ansatz, 2. Auflage, München 2004.

Samochowiek, Jakub: Future Skills. Vier Szenarien für morgen und was man dafür können muss, Gottlieb Duttweiler Institut, Zürich 2020.

Schrage, Michael: Recommendation Engines, Cambridge – London 2020.

Searle, John R.: Minds, Brains, and Programs, in: The Behavioral and Brain Sciences, 1980, S. 417–457.

Searle, John R.: Geist, Sprache und Gesellschaft, Frankfurt am Main 2001.

Searle, John R.: Is the Brain a Digital Computer? Proceedings and Addresses of the American Philosophical Association, Vol. 64, No. 3, Nov 1990, S. 21–37.

Shanahan, Murray: The Technological Singularity, Cambridge – London 2015.

Shortliffe, Edward H. et al.: Computer-Based Consultations in Clinical Therapeutics: Explanation and Rule Acquisition Capabilities of the MYCIN System, in: Computers and Biomedical Research 8, 1975, S. 303–320.

Simanowski, Roberto: Data Love, Berlin 2014.

Simanowski, Roberto: Todesalgorithmus. Das Dilemma der künstlichen Intelligenz, Wien 2020.

Smith, Brian Cantwell: The Promise of Artificial Intelligence. Reckoning and Judgement, Cambridge – London 2019.

Solove, Daniel: Understanding Privacy, Cambridge/Massachusetts 2008.

Soyer, Emre, Hogarth, Robin M.: The Myth of Experience. Why We Learn the Wrong Lessons and Ways to Correct Them, New York 2020.

Stalder, Felix: Kultur der Digitalität, Berlin 2017.

Taylor, Charles: Quellen des Selbst. Die Entstehung der neuzeitlichen Identität, Frankfurt am Main 1996.

Tegmark, Max: Life 3.0: Being human in the age of Artificial Intelligence, New York 2017.

Thaler, Richard H., Sunstein, Cass R.: Nudge. Improving Decisions About health, wealth and happiness, London 2008.

Thomson, Judith Jarvis: The Trolley Problem. Das Trolley-Problem, Stuttgart 2021.

Torey, Zoltan: The Conscious Mind, Cambridge – London 2014.

Tribelhorn, Ben, Dodds, Zachary: Evaluating the Roomba: A low-cost, ubiquitous platform for robotics research and education, in: Proceedings 2007 IEEE International Conference on Robotics and Automation, S. 1393–1399.

Tsamados, Andreas, Aggarwal, Nikita, Cowls, Josh et al. The ethics of algorithms: key problems and solutions. AI & Society 37, 2022, S. 215–230. https://doi.org/10.1007/s00146-021-01154-8.

Tschopp, Marisa: AI & Trust: stop asking how to increase Trust in AI. 20. Februar 2020. Verfügbar unter: https://www.scip.ch/en/?labs.20200220 (abgerufen am 05.12.2021).

Tschopp, Marisa, Monnet, Dagmar, Ruef, Marc: Vertrauen Sie KI? Einblicke in das Thema Künstliche Intelligenz und warum Vertrauen eine Schlüsselrolle im Umgang mit neuen Technologien spielt, in: Landes, Miriam, Steiner, Eberhard, Utz, Tatjana (Hrsg.): Kreativität und Innovation in Organisationen, Berlin, Heidelberg 2022. https://doi.org/10.1007/978-3-662-63117-1_16.

Turing, Alan M: Computing Machinery and Intelligence, in: Mind. New Series, Vol. 59, No. 236, Oct 1950, S. 433–460.

UNO-Goals: Transforming our World: the 2030 Agenda for Sustainable Development, 2015. Verfügbar unter: https://sdgs.un.org/2030agenda (abgerufen am 14.05.2022).

Wachter, Sandra, Mittelstadt, Brent, Russell, Chris: Bias Preservation in Machine Learning: The Legality of Fairness Metrics Under EU Non-Discrimination Law, West Virginia Law Review, Vol. 123, No. 3, 2021, S. 1–51.

Wanner, Andres: Das wird AI niemals können!!!, LinkedIn, veröffentlicht am 26. Mai 2021. Verfügbar unter: https://www.linkedin.com/pulse/das-wird-ai-niemals-k%C3%B6nnen-andres-wanner/?originalSubdomain=de (abgerufen am 15.05.2022).

WEF: Future of Jobs Report 2020. Verfügbar unter: https://www.weforum.org/reports/the-future-of-jobs-report-2020/ (abgerufen am 14.05.2022).

Weizenbaum, Joseph: Die Macht der Computer und die Ohnmacht der Vernunft, Frankfurt am Main 1978.

Westermann, Bianca: Vom Flötenspieler zum Hochleistungssprinter – Kulturelle Austauschprozesse zwischen Körper- und Maschinenphantasien, in: Leistert, Oliver, Bierwirth, Maik, Wieser, Renate (Hrsg.): Ungeplante Strukturen, 2010, S. 111–131. Verfügbar unter: https://doi.org/10.30965/9783846749883_009.

WHO, 2021: Ethics and governance of artificial intelligence for health. Verfügbar unter: https://www.who.int/publications/i/item/9789240029200 (abgerufen am 29.05.2022).

Wooldridge, Michael: The Road to Conscious Machines. The Story of AI, Dublin 2020.

Zakharyan, Ashden, Götz, Birgit: AIVA: Die Künstliche Intelligenz komponiert die Musik der Zukunft, in: PcWelt, 18. April 2019. Verfügbar unter: https://www.pcwelt.de/a/aiva-die-kuenstlicheintelligenz-komponiert-die-musik-der-zukunft,450745 (abgerufen am 15.05.2022).

Zichy, Michael: Die Macht der Menschenbilder. Wie wir andere wahrnehmen, Stuttgart 2021.

Zitzler, Eckart: Dem Computer ins Hirn geschaut. Informatik entdecken, verstehen und querdenken, Berlin 2017.

Abbildungsverzeichnis

Register

Das Signet des Schwabe Verlags ist die Druckermarke der 1488 in Basel gegründeten Offizin Petri, des Ursprungs des heutigen Verlagshauses. Das Signet verweist auf die Anfänge des Buchdrucks und stammt aus dem Umkreis von Hans Holbein. Es illustriert die Bibelstelle Jeremia 23,29: «Ist mein Wort nicht wie Feuer, spricht der Herr, und wie ein Hammer, der Felsen zerschmeisst?»